Dierk Eisenschmidt Ungarische Hirtenhunde

Dierk Eisenschmidt

Ungarische Hirtenhunde

Verlagsgesellschaft Rudolf Müller
Köln-Braunsfeld

Die Kapitel »Hundekrankheiten« und »Ernährung« wurden von Dr. med. vet. Peter Brehm verfaßt.

CIP-Kurztitelaufnahme der Deutschen Bibliothek

Eisenschmidt, Dierk
Ungarische Hirtenhunde
(Die Kap. »Hundekrankheiten« und »Ernährung« wurden von Peter Brehm verfaßt.)
Köln-Braunsfeld: R. Müller 1981
(dein Hund)

ISBN 3-481-26171-3

ISBN 3-481-26171-3

Verlagsredaktion: Ingeborg Roggenbuck
Umschlaggestaltung: Hans-Dieter Kluth, Erftstadt
Satz: A. Hellendoorn, Bad Bentheim
Druck: Druckhaus Rudolf Müller, Köln
Printed in Germany

Vorwort

Ungarische Hirtenhunde – das war bis vor wenigen Jahren nur für Kenner ein Begriff. Heute ist es eher so, daß sich viele Menschen für das Natürliche und Rustikale interessieren, für eine Welt, für die diese sozusagen urigen Hunde wie geschaffen sind. Als Züchter und Liebhaber dieser Rasse fiel es nicht schwer, über sie zu schreiben. Es wird viel Wissenswertes sowie gesammelte Erfahrung im Umgang mit diesen Hunden vermittelt, so daß das Buch vor allem den Lesern, die sich für einen Ungarischen Hirtenhund entschieden haben, sehr nützlich sein wird. Die Fotos und Zeichnungen können besonders den Besitzern eines Ersthundes im täglichen Zusammensein mit ihren vierbeinigen Lieblingen eine große Hilfe werden. Denn die Zeit, die sie mit ihren Hunden gemeinsam verbringen, sollte nicht nur für Hundefreunde, sondern auch für die Tiere so angenehm wie möglich sein. Echte Kameradschaft und Treue sind der Lohn, den die Hunde hierfür zollen.

Hamburg, im April 1981

Dierk Eisenschmidt

Inhalt

Ursprungsland Ungarn

Das Heimatland der Hirtenhunde liegt in Mitteleuropa. Seine Nachbarländer sind im Westen Österreich, im Norden die Tschechoslowakei, im Osten die Sowjetunion, dann Rumänien im Südosten und Jugoslawien im Süden. Fast das ganze Land ist eine fruchtbare Ebene. Die Vertes-Pilis- und Mátragebirge sind mit Wäldern bedeckt. Zwei große

Flüsse vereinigen sich in Ungarn: die Donau und die Theiß. Der größte See des Landes ist das ungarische Meer, der Balaton. Ungarn ist sehr reich an Mineralien und Heilquellen.

Die Geschichte des Landes beginnt am Ende des 9. Jahrhunderts, als die Magyaren, ein Steppenvolk, das Karpatenbecken eroberten. Die dort wohnenden Völker wurden vertrieben oder integriert. Die Ungarn waren Nomaden, die Herden von einer Weide zur anderen trieben. Die Männer zogen auf ihren Pferden voran – auf der Suche nach besseren Plätzen, an denen ihr Volk sich niederlassen und genug Futter für die Tiere finden konnte.

Frauen und Kinder und die großen Herden wurden von einem wilden, tapferen und zähen Hund beschützt, dem Ungarischen Hirtenhund. Er war unentbehrlich zum Schutz der Herde vor Wölfen, Bären und anderen Raubtieren.

Die Wirtschaft des Landes beruhte im 14. Jahrhundert auf der aufblühenden Landwirtschaft, vor allem aber auf dem lebhaften Außenhandel mit dem Vieh. Große Herden mußten getrieben werden – unter Schutz und Aufsicht des treuesten Hundes, des Ungarischen Hirtenhundes.
Entscheidend für das Schicksal des ungarischen Volkes wurde die westliche Expansion des Osmanischen Reiches. Einen vernichtenden Schlag erlitt Ungarn im Jahre 1526 von den Türken in Mohács. Die Türkenherrschaft dauert eineinhalb Jahrzehnte. Mitte des 17. Jahrhunderts wurden die Türken aus dem ganzen Land vertrieben. Große Güter wurden nun aufgeteilt, und die Hirtenhunde hatten ihre neue Arbeit gefunden. Die Schlösser und Herrenhäuser wurden von ihnen beschützt.

Im Jahre 1848/49 entbrannte der Freiheitskrieg in Ungarn und endete mit einer Niederlage der Freiheitskämpfer. Im Jahre 1867 entstand die Doppelmonarchie Österreich-Ungarn. Danach folgte ein ruhiges Leben in wirtschaftlicher Blüte. Die Hirtenhunde arbeiteten bei Großgrundbesitzern und noch immer neben den Herden. Nach dem Ende des Ersten Weltkrieges wurde Ungarn in vier Teile geteilt. Mit dem Friedensvertrag von Trianon 1920 mußte Ungarn zwei Drittel seines ehemaligen Gebietes an Österreich, die Tschechoslowakei, Rumänien und Jugoslawien abtreten.

Schwere Zeiten kamen auf Mensch und Tier zu, sie endeten fast mit der Ausrottung des Ungarischen Hirtenhundes während des Zweiten Weltkrieges.
Nach 1945 wurde mit wenigen Exemplaren eine neue Zucht aufgebaut, und man ist sehr darauf bedacht, den vorgeschriebenen Standard zu züchten.

Warum einen Ungarischen Hirtenhund?

Die Unterschiede zwischen den verschiedenen Hunderassen sind so groß wie wohl kaum bei einer anderen Tierart. Man denke nur an das Größenverhältnis und an das vielfältige Aussehen. Der kleinste Hund wiegt ungefähr ein Hundertstel des größten.
Wenn wir uns für einen Ungarischen Hirtenhund entscheiden, müssen wir uns darüber im klaren sein, daß diese Hunde außergewöhnlich sind. Schon ihr ungewöhnliches Äußeres macht sie sehr interessant. Darüber hinaus sind sie wohl die Hunde, die am wenigsten von unserer gerühmten Zivilisation beleckt worden sind. Im Gegensatz zu den so-

Komondorrüde. Ein typischer Vertreter seiner Rasse.

genannten Gebrauchshunden läßt sich ein Ungarischer Hirtenhund nicht dressieren, sondern im Höchstfalle nur erziehen. Dafür steht das Beispiel eines Komondorrüden, der auf einem Schäferhund-Übungsplatz sich partout weigerte, die Kletterwand auf Kommando zu überwinden, in einem unbewachten Augenblick aber mit Leichtigkeit darüber hinwegsprang. Ein weiteres Beispiel ist meine Hündin, die einen 220 cm hohen Zaun mit Leichtigkeit übersprang.

Auf keinen Fall eignen sich Komondor, Kuvasz und Pyrenäen-Berghund für eine Stadtwohnung im Mehrfamilienhaus. Sie sind zwar keine ausgesprochenen Laufhunde, aber sie müssen aufgrund ihrer körperlichen Abmessung schon gewisse Freiheiten haben. Ein Hirtenhund fügt sich vorzüglich ins Familienleben ein, jedoch können wir sagen, daß die Familien, die einen Hirtenhund besitzen, uns durch ihre individuelle Art auffielen. Ich würde sagen, daß es zwar nicht exzentrische, aber freiere Menschen sind.

Wir haben gesehen, daß sich verhältnismäßig junge Leute und Ehepaare auf einen großen Hirtenhund versteift hatten, obwohl sie ihren Haushalt gerade erst gegründet hatten und in irgendwelchen alleinstehenden, noch zu renovierenden Häusern wohnten. So bildeten Familie und Hund in unseren Augen eine recht urwüchsige Einheit. Ein Ungarischer Hirtenhund erfüllt mehrere Ideale auf einmal. Er ist stark und beschützt Grundstück und Familie. Er ist kinderlieb und achtet besonders auf Kleinstkinder. Er ist genügsam und kann vorübergehend auch gern im Freien schlafen. Was aber das Fressen anbetrifft, so braucht er seine Nahrung, deren Menge aber im Gegensatz zur weitverbreiteten Meinung nicht ins Uferlose ausartet.

Der Kuvasz

Der Kuvasz ist der im Moment weitverbreitetste Ungarische Hirtenhund. Jeder Hundeliebhaber kennt die große und elegante Erscheinung dieses weißen Hundes. Um das 12. Jahrhundert herum wurde er bereits in Ungarn erwähnt, viele Geschichten verbinden sich mit ihm. Er wurde zum Jagen von Schwarz- und Rotwild gezüchtet und galt als Statussymbol für Besitzer von großen Gehöften. Es war üblich, als Gastgeschenk einen Kuvasz mitzubringen. So einen großen Hund geschenkt zu bekommen, galt als Anerkennung.
Die Namensgebung Kuvasz ist aus dem Türkischen und Arabischen abgeleitet, wo die Worte Kawacs und Kawasz etwa Wächter bedeuten, eine Funktion, die dieser starke Hund ohne weiteres übernehmen konnte.
Noch im 19. Jahrhundert, als in Ungarn die Tierzucht noch blühte, erfüllte der Kuvasz bei den Herden die Funktion eines Wächters gegen Raubtiere und räuberische Landstreicher. Als mit der Abnahme der großen Viehherden auch der Bedarf an Hütehunden abnahm, wurde der Kuvasz immer mehr als Kettenhund zum Bewachen von Haus und Hof eingesetzt.
Der Zweite Weltkrieg hat seine Zahl stark dezimiert, und erst in den letzten Jahren kann man von einem ausreichenden Kuvasz-Bestand reden. Heute ist er sehr beliebt, weil seine ruhige und überlegene Stärke wohltuend auf uns wirkt. Zugleich machen ihn seine aufmerksame Wachsamkeit, seine Bereitschaft, die Familie zu verteidigen, und seine liebevolle Art Kindern gegenüber zu einem äußerst angenehmen Hausgenossen.

Standard des Kuvasz

Er ist von großem Wuchs und zugleich eine anziehende Erscheinung, die Kraft verrät. Die Körperteile sind wohlproportioniert, so daß der

Kuvasz eine harmonische Einheit aufweist. Der Knochenbau ist massiv, stark, aber nie grob. Die Gelenke sind hager. Der Brustkorb ist tief. Die regelmäßige Struktur der Läufe und die leicht gebogene Oberlinie sprechen von Ausdauer und unermüdlicher Bewegungsfähigkeit. Seine Form ist nicht gestreckt, aber auch nicht gedrungen. Sein Rumpf bildet eine vom Quadrat etwas abweichende Rechteckform. Auf seinem Kopf ist die Stirnfurche gut wahrnehmbar. Der Augen- und Lefzenrand ist straff. Das stark entwickelte, mächtige Gebiß, die breite Kaumuskulatur haben sich aufgrund der Kämpfe, die der Kuvasz in der Vergangenheit zu bestehen hatte, herausgebildet. Auf dem Hals und der Brust trägt er einen Haarkragen. Am hinteren Rand der Gliedmaßen befindet sich eine Haarfahne. Die Farbe des Felles ist weiß, die Behaarung wellig und stark, die Haut dunkel pigmentiert. Die Fortbewegung gewinnend, seitlings trabend.

Kopf. Schädel länglich, doch nicht spitz. Stirn lang, nur leicht gewölbt, mit ausgesprochener Stirnfurche, mittelmäßigen Augenbogen, mildem Stop. Nasenrücken gerade, Fang sich verjüngend, doch nicht spitz, die Stirnfurche setzt sich auf dem Nasenrücken fort. Nasenspiegel abgestumpft, von schwarzer Farbe, ebenfalls Lider und Lefzen. Der Fang ist lang und breit, das Gebiß fest anliegend, im Mundwinkel gezackt.

Die Augen schräg gebettet, mandelförmig, von dunkelbrauner Farbe, die Lider dicht anliegend. Behänge hoch angesetzt, gleich am Ansatz gebrochen, oben vom Kopf etwas abstehend, dann daran anliegend herabhängend. Die Ohrmuscheln haben die Form eines stumpfen »V«. Der Hals bildet mit der Waagerechten einen Winkel von 25 bis 30 Grad, ist mittellang, kräftig bemuskelt, ohne Wamme.

Vordere Gliedmaßen. Brustkorb tief, nicht zu tonnenförmig, für das lange, schräggestellte Schulterblatt eine gute Unterlage. Der Ellenbogen weder unter den Brustkorb gezwängt noch davon abstehend. Der Vorderlauf gerade und senkrecht. Unterarm lang, trocken bemuskelt. Die Fessel bildet mit der Waagerechten einen Winkel von 45 Grad. Fest geschlossene Pfoten, zwischen den Zehen nur wenig Haare. Fußballen elastisch, Vorderbeine mittelmäßig breitgestellt.

»Andrász«, ein sehr kräftiger, typischer Kuvaszrüde.

Rumpf. Widerrist lang und höher als der Rücken, Rücken mittellang, Lendenpartie kurz und fest, Kruppe etwas abschüssig, reich bemuskelt, breit. Üppige Behaarung läßt die Kruppe oft als überbaut erscheinen. Brustkorb sehr tief, lang, etwas plattgedrückt. Vorbrust durch starke Muskulatur und das Brustbein nach vorn gewölbt. Bauchlinie entschieden aufgeschürzt. Rute tief angesetzt, in gerader Verlängerung der etwas abschüssigen Kruppe, entschieden herabhängend getragen, erreicht sie in ihrer ganzen Länge das Sprunggelenk, das Ende etwas angehoben, doch nicht geringelt. In Aufregung darf die Rute nur bis zur Höhe der Lendenpartie gehoben werden.

Hintere Gliedmaßen. Hinterbeine steil gestellt. Becken- und Oberschenkelknochen bilden einen rechten Winkel, das Kniegelenk einen Winkel von 130 bis 140 Grad. Keulen reich bemuskelt, Sprunggelenke breit und lang, trocken. Mittelfuß senkrecht gestellt. Die hinteren Fesseln steiler und die Pfoten schmaler und länglicher als bei den Vorderbeinen. Feste, elastische Ballen. Stark entwickelte Krallen von schiefergrauer Farbe, Afterkrallen unerwünscht –, sie sind zu entfernen.

Haut und Behaarung. Haut stark pigmentiert, schiefergrau. Nasenspiegel, Lidränder, Lefzen schwarz. Ballen schwarz oder schiefergrau. Rachen sollte dunkel gefärbt sein, dunkle Flecken auf farbigem Untergrund sind auch annehmbar. Der Bauch sollte gleichmäßig dunkel pigmentiert sein, die Zunge hellrot. – Kopf, Ohren, Pfoten sind mit kurzem, geradem, anliegendem Haar bedeckt (1 bis 2 cm), ebenso die Vorderseite der Vorderbeine und die Hinterbeine unterhalb des Oberschenkels. Rumpf, Oberarm, Oberschenkel und Rute werden von flach gewellter, mittellanger (4 bis 12 cm) Behaarung bedeckt, die an verschiedenen Stellen Kämme, Leisten und Wirbel bildet. Behaarung etwas derb und spröd, gewellt, sie verfilzt nicht. Unter den derben Grannenhaaren sind feinere Flaumhaare zu finden. Der Hals wird von einem Haarkragen geziert, der bis zur Vorbrust reicht, dort breiter wird und eine Krause, ein Jabot, bildet. Die Hinterseiten der Vorderläufe und der Keulen tragen »Fahnen«, gebildet aus 5 bis 8 cm langen Haaren. Die Rute ist in ihrer ganzen Länge reichlich wellig behaart, die Haare sind an ihrer Unterseite am längsten: 10 bis 15 cm. Farbe der Behaarung ist weiß, elfenbeinfarben ist auch noch gestattet.

Größe: (nach Stockmaß): Rüden 71 bis 75 cm, Hündinnen 66 bis 70 cm
Körpergewicht: Rüde 40 bis 52 kg; Hündin 30 bis 42 kg

Fortbewegung. Im Schritt langsam, gravitätisch, Trab schränkend, schwungvoll, raumgreifend. Der Kuvasz kann ohne besondere Anstrengung 25 bis 30 km gleichmäßig traben.

Typfehler, Fehler. Kurzer Fang, stark gewölbter Schädel, schwach entwickelte Augenbogen, stärkerer Stop, etwas lose hängende Augenlider und Lefzen. Ganz am Kopf anliegende Ohren, nach hinten geschlagene Ohren. Langer Hals, breite Vorbrust, lose Schultern, hellgraue Haut, gelbe Augen, gelbliches Fell oder gelbliche Platte. Lockere Konstitution.

Ausschließende Fehler. Aufrecht stehende Ohren, Vorbiß, starker Unterbiß, entschieden starker Stop, klumpiges oder drahtiges Fell, lange Behaarung an den Beinen, in Ruhestellung über die Rückenlinie gehobene Ringelrute. Andere Farbe des Felles als weiß. Widerristhöhe bei Rüden unter 65 cm, bei Hündinnen unter 60 cm. Ein Körpergewicht von mehr als 60 kg ist auch unerwünscht.

Der Komondor

Charakter

Das Auffallendste am Komondor ist sein ungewöhnlich mächtiges Äußeres. Noch einmaliger ist sein Charakter. Seine Merkmale sind Unbestechlichkeit, Gradlinigkeit und ein sauberes, freies Wesen. Über Jahrhunderte hat er sich seine eigene Art bewahrt und ließ sich auch nicht von Zivilisaitonsmerkmalen beeinflussen, wie man es oft bei Gebrauchshunden findet.

Mein Komondor zum Beispiel hat zweimal Menschen gebissen, von denen ich dachte, daß es Freunde des Hauses wären. Erst später stellte sich heraus, daß dies nicht zutraf und sie mir und dem Hund nicht wohlgesonnen waren. Dieser Biß – und das ist wieder bezeichnend – war nicht stark und führte nicht zu blutenden Verletzungen, sondern war so dosiert, daß die Abdrücke der Zähne zu sehen waren: also als Warnung.

Das einzige, was mich persönlich manchmal stört, ist sein einmaliger Dickkopf und die Sturheit. So kommt er erst nach mehrmaligem Rufen, wenn er meint, daß es Dinge für ihn gibt, die im Moment wichtiger sind als sein Herr. Auch wenn man ihn an der Leine führt, hat man manchmal das Gefühl, daß der Hund mit dem Herrn geht und nicht er mit ihm. Es gibt aber auch viele Beispiele dafür, daß Komondore ihrem Herrn das Leben gerettet haben oder sie vor größerem Unheil bewahrten. Eine kleine Geschichte sei hier erzählt:

Der Komondorrüde »Mirgy« aus dem ungarischen Zwinger »Szentiváni« weckte nachts durch anhaltendes wütendes Bellen sein Frauchen. Man muß dazu wissen, daß der Komondor ein Hund ist, der ausgesprochen wenig bellt – nur wenn er sein Reich bedroht fühlt. Er liegt scheinbar schlafend auf dem Grundstück. Seine Augen sieht man nicht, weil sie durch die langen Zotten verdeckt sind. Nähert sich jedoch ein Unbefugter, so ist dieser große, schwere Hund blitzschnell auf den

Beinen, bellt mit seiner mächtigen tiefen Stimme den Fremden an und läßt ihn nicht weitergehen. Mirgy bellte also mitten in der Nacht los und hörte erst auf, als er mit seinem Frauchen an der Leine losstürmen konnte. Nach etwa 500 Metern fanden sie einen schwerverletzten Mann in einem ausgetrocknetem Bachbett. Der Hund blieb bei dem Schwerverletzten liegen, und es wurde so schnell wie möglich Hilfe geholt. Mit der ebenfalls alarmierten Polizei zog der Hund sein Frauchen zu einem in einiger Entfernung stehenden Häuschen und bellte dort aufgeregt. Dort wurden zwei Männer angetroffen. Sie gestanden dann auch den Überfall auf den Mann, mit dem sie vorher gezecht und den sie dann ausgeraubt hatten. Es ist doch wirklich sehr bemerkenswert, daß ein überhaupt nicht ausgebildeter Hund solche Dinge vollbringen kann. Das ist nur möglich, weil der Komondor sich seinen Instinkt und seine Charakterfestigkeit bewahrt hat und nicht von negativen Umwelteinflüssen verfälschen läßt.

Standard des Komondor

Allgemeines. Er ist von großem Wuchs, hat ein anziehendes Äußeres und eine imposante Erscheinung schon durch sein oft furchterweckendes Aussehen. Er neigt nicht zum Schmeicheln, ist von zäher Natur, sein verfilzter Behang – klobiges Fell – gibt seiner Erscheinung mächtigen, robusten Charakter. Seine Statur ist quadratisch, eventuell ein wenig länger, sein Kopf wirkt wie ein Haarknäuel über den Rücken erhöht. Die Rute herabhängend, das Ende etwas – bis zur Waagerechten – angehoben. Das Fell ist weiß.
Der Komondor repräsentiert eine ureigene ungarische Hirtenhundrasse, aus Asien mitgeführt. Im Hüten und Beschützen von Vieh, Haus und Hof legt er unerschütterlichen Mut an den Tag, lautlos und verwegen ist sein Angriff.

Kopf. Breit, doch fein, in gutem Ebenmaß zum Körper; selbst die üppige, lange Behaarung gestaltet ihn nicht unproportioniert. Der Hirnschädel ist gewölbt, der Stop bemerkbar, der Schädel länger als die Schnauzenpartie. Zwischen den Jochbogen erscheint der Kopf breit, die Augenbogen gut entwickelt, Nasenrücken gerade, Nase nicht spitz,

Internationaler Champion »Atok von Bordos«. Komondorrüde mit Idealform, fünf Jahre alt.

sondern im rechten Winkel abgeschlagen. Der Fang sehr breit und mittellang, die Kiefer stark. Nasenspiegel, Lider und Lefzen schwarz. – Das Gebiß mächtig, regelrechte Scheren. Die Lippen liegen am Gebiß dicht an, sie sind zu den Mundwinkeln hin gezackt. – Die Augen liegend-oval, dunkelbraun, Lider fest anliegend. Behänge mittelhoch angesetzt und gleich vom Ansatz an herabhängend, tief herabreichend in der Form eines U. Sie werden weder in Erregung noch im Angriff bewegt. Der Hals bildet mit der Waagerechten einen Winkel von 35 Grad, in gleichgültigem Gemütszustand manchmal beinahe in der Verlängerung der Rückenlinie gehalten; er ist mittellang, eher kurz, ohne Wamme.

Vorderhand. Das lange, dichte Fell erschwert die Beurteilung der Gliedmaßen sehr. Die Vorderbeine sind säulenartig, Schulterblätter etwas steil, fest, die Vorderbrust breit, das Knochengerüst stark massiv. Gelenke weit, große feste Pfoten, volle elastische Ballen von schiefergrauer Farbe wie auch die starken Krallen.

Typfehler, Fehler. Typfehler kommen selten vor; die Rasse ist in hohem Grade durchgezüchtet und ausgeglichen, seit altersher in demselben Charakter gehalten. Seltene, aber doch vorkommende Gebrechen: kleiner Wuchs, lockere Schultern und Pfoten, krumme Hinterbeine, mangelhafte Pigmentierung an Augenlidern, Lefzen, eventuell am Nasenspiegel, Ringelrute, Gebißfehler, hauptsächlich an den Schneidezähnen.

Ausschließende Fehler. Kurze Behaarung, an welcher Stelle auch immer, fleischfarbene Haut, aufrecht stehende leichte Ohren, Stummelrute. Scheckung. Schwammige Konstitution des ganzen Körpers.

Rumpf. Widerrist ziemlich lang, vorne markiert, kurzer Rücken, mittellange muskulöse breite Lendenpartie. Ist die Lendenpartie zu schmal, so bildet das Fell hier einen Scheitel. Kruppe breit, mittellang, leicht abschüssig. Rute tief angesetzt, entschieden herabhängend, das Ende etwas angehoben; in Erregung kann sie zur Höhe des Rückens gehoben werden. Brustkorb mittellang, tonnenförmig, lang.

Hinterhand. Das Fell hier fast immer stark verzottelt oder verfilzt, und so sind Kruppe und Hinterbeine ineinander verschwommen und nur in ihren Proportionen zu beurteilen. Die Hinterbeine stehen etwas steil und bieten der reichen Behaarung den nötigen Grund. Die Pfoten sind hier etwas länger als die vorderen. Afterkrallen gehören beseitigt.

Haut und Behaarung. Die Haut enthält viel Pigment, sie ist von schiefergrauer Farbe. Nasenspiegel, Lefzen, Augenlider, Fußballen schwarz oder schiefergrau, womöglich auch Zahnfleisch und Rachen. Krallen grau. Exemplare mit wenig Pigment oder rosafarbener Haut sind unerwünscht.

Größe: (Widerristhöhe nach Stockmaß)

durchschnittlich bei Rüden	80 cm
durchschnittlich bei Hündinnen	70 cm
Mindestmaß bei Rüden	65 cm
Mindestmaß bei Hündinnen	55 cm

Körpergewicht: Rüden 50 bis 60 kg; Hündinnen 40 bis 50 kg

Fortbewegung. Leicht, bequemlich, gravitätisch. Im Schritt gestreckt, raumgreifend. Bei Tage legt er sich gern hin, aber so, daß er sein Revier überblicken kann. Bei Nacht bewegt er sich unaufhörlich.

Standard des Puli

Allgemeines und Verwendung

Der Puli ist von mittelgroßer Statur, im Charakter munter, klug, beweglich und anspruchslos, körperlich von fester Konstitution, feinem Gerippe und muskulös in allen Körperpartien. Rumpf und Gliedmaßen bilden ein Quadrat. Schwierig ist es, die einzelnen Körperformen für sich zu betrachten, da der ganze Körper mit langen, sich verfilzenden Haaren bedeckt ist. Die Augen werden durch die langen Haare beschat-

Im vollen Haarkleid präsentiert sich ein sechs Jahre alter Puli.

tet, wodurch der Kopf kugelrund erscheint. Die lange Rute wird über den Rücken geringelt getragen, wodurch der Rücken gegen die Kruppe zu steigen scheint. Die Umrisse des Rumpfes sind durch bloße Betrachtung kaum festzustellen, auch sind die einzelnen Teilabschnitte der Gliedmaßen nicht zu unterscheiden.

Kopf. Im ganzen klein und fein. Von vorn gesehen sieht er rund, von der Seite elliptisch aus. Befühlt erscheint der Schädel rund, die Schnauze kürzer; sie macht 35 Prozent der Kopflänge aus. Augenbogen gut ausgeprägt. Etwas betonter Stop. Nasenrücken gerade, Nase nicht spitz, sondern stumpf abgerundet. Nasenspiegel verhältnismäßig groß. Nasenspiegel, Augenlider und Lefzen schwarz. – Ober- und Unterkiefer gut entwickelt. Ein regelrechtes kräftiges Gebiß. Die Schneidezähne schließen als Schere, der untere Eckzahn steht knapp vor dem oberen, die übrigen Zähne greifen ineinander. Die Lippen liegen straff an. Die Augen rund, kaffeebraun, von regem, klugem Ausdruck. – Behang mittelhoch angesetzt, gleich beim Ansatz schlaff herunterhängend, bewegen sich die Ohrmuscheln selbst bei Erregung nicht im geringsten nach oben. Sie haben die Form eines breiten, unten abgerundeten »V«. – Hals in einem Winkel von 45 Grad zur Waagerechten getragen, mittellang, fest, muskulös. Durch die reiche Behaarung ist keine scharfe Grenze bemerkbar; zeigt sich eine solche, so deutet das schon irgendeinen Fehler an.

Die vorderen Gliedmaßen. Die Schulterblätter liegen am Brustkorb dicht an, die Schultergelenke fallen in die Breite der Vorbrust. Schulterblatt und Oberarmknochen bilden miteinander einen rechten Winkel. Oberarm mittellang, bemuskelt, parallel mit der Längsachse des Rumpfes gestellt: Das untere Ende, welches das Ellenbogengelenk mitbildet, darf nicht weitab, aber auch nicht unter den Brustkorb gerichtet sein. Ober- und Unterarm bilden einen Winkel von 120 bis 130 Grad. Unterarm lang und gerade, senkrecht gestellt, straff bemuskelt. Die Partie unterhalb des Unterarms soll kurz und trocken sein. Die Fessel bildet mit der Waagerechten einen Winkel von 45 Grad. – Pfoten kurz, rund, fest. Krallen stark, schiefergrau in der Farbe, Ballen voll, elastisch. Die vorderen Gliedmaßen stehen mittelbreit und gerade.

Rumpf. Der Widerrist kaum erhöht, der Rücken fest, mittellang, Lendenpartie kurz. Geräumiger Brustkorb, Kruppe etwas kurz, leicht abschüssig, was aber durch die über den Lenden geringelt getragene Rute nicht in Erscheinung tritt. – Schwanzwirbel 18 bis 20. Die langen Haare der Rute vermengen sich, kaum bemerkbar, mit denen der Kruppe, und die Rute fällt deshalb kaum auf. – Brustkorb mittelbreit, tief, lang. Die vorderen Gliedmaßen schmiegen sich dem vorderen Teil des Brustkorbs straff an. Leib leicht aufgeschürzt. Die untere Linie des Rumpfes erreicht ihren tiefsten Punkt am vorderen Teil des Brustkorbes. – Ein breites Becken ist erwünscht, besonders bei Hündinnen.

Die hinteren Gliedmaßen. Hüften und Keulen lang und reich bemuskelt. Beckenknochen bilden mit Oberschenkelknochen einen rechten Winkel, Oberschenkelknochen mit Unterschenkelknochen einen Winkel von 100 bis 110 Grad. Sprunggelenk sehnig, die Partie darunter kurz und trocken. – Die hinteren Fesseln bilden mit der Horizontalen einen engeren Winkel als die vorderen, wodurch auch die hinteren Pfoten etwas länger sind. Die hinteren Gliedmaßen sind etwas breitergestellt als die vorderen. Krallen stark, Ballen voll und elastisch.

Haut und Behaarung. Haut schiefergrau, viel Pigment enthaltend, bei allen Farbvariationen gleich stark. Freie Hautflächen (Nasenspiegel, Lider, Lefzen) schwarz. Gaumen gleichmäßig dunkel, Zunge hellrot. – Krallen und Ballen schwarz oder schiefergrau. Ein pigmentloser Fleck auf der Brust von höchstens 5 cm Durchmesser wird geduldet, eine weiße Stichelung zwischen den Zehen ebenfalls. Andere Abzeichen sind nicht erwünscht. – Das Fell besteht aus gröberen Deckhaaren und feineren Wollhaaren. Seine Beschaffenheit wird durch das Verhältnis der beiden Haararten bestimmt. Zuviel Deckhaare mit zuwenig Unterwolle ergeben ein »offenes« Fell; viel Wollhaar mit zuwenig Deckhaaren bringen übertriebene Verfilzung zu knotigen Brettern, sogenannten Speckseiten mit sich. Das richtige Verhältnis beider Haararten stellt die erwünschte »Pusztabehaarung« dar – lange, schmale Filzplatten. Das Schnürenfell entsteht, wenn die Wollhaare ganz gleichmäßig enggewellt sind. Diese Zotten verfilzen sich nur in geringem Maße, sie bilden lange, gleichstark ablaufende Schnüre. – Die Behaarung ist an der

Kruppe, den Lenden und Keulen am längsten: 8 bis 18 cm, am kürzesten am Kopf und den Pfoten: 3 bis 6 cm.
Unerwünscht ist ein zerkämmtes, igelartig abstehendes Fell, doch ein vollkommen verwahrlostes, vernachlässigtes ebenfalls. –
Der Puli kommt in mehreren Farben vor, er wird heute in Schwarz (mit Rostrot) und in allen Schattierungen der Farbe Grau bis hin zu Weiß gezüchtet.

Größe und Gewicht. Die Widerristhöhe nach Stockmaß soll beim Rüden 40 bis 44 cm betragen. Als zulässig gelten unterhalb dieser Grenzen 37 bis 39 cm und oberhalb 45 bis 47 cm.
Bei Hündinnen sind 37 bis 41 cm erwünscht, als zulässig gelten 34 bis 36 sowie 42 bis 44 cm. Die Maßangaben einzelner Körperteile werden auf die Widerristhöhe bezogen (Angaben in Prozent vom Stockmaß).
Das Gewicht des Rüden soll zwischen 13 und 15 kg liegen, bei der Hündin zwischen 10 und 13 kg.

Bewegung. Der Puli macht keine langen Schritte, sein Galopp ist kurz, wenig raumgreifend, doch flink und sehr rasch und in besonderer Weise charakteristisch.

Typfehler, Fehler. Langer Fang, steil angesetzter Hals, langer Rumpf, wodurch die »Quadratur« verlorengeht, gerade Kruppe, lockere Rute, viel zu große Filzplatten, hellbraune Augen. Eine Widerristhöhe von 34 bis 37 cm oder 47 bis 50 cm bei Rüden und von 31 bis 34 cm oder 44 bis 47 cm bei Hündinnen.

Der Pumi

Dieser Hund stammt aus einer Variation der verschiedenen Treibhunderassen. Die Zucht des Pumi muß daher gewissenhafter und strenger sein als bei den anderen ungarischen Rassen, da er keine so konsolidierte Rasse ist. Vom Gesichtspunkt der Züchter sind die Pumis noch nicht kynologisch ausgebildet, so ist im Laufe der Weiterzüchtung mit Überraschungen zu rechnen. Gerade aus diesem Grunde ist es erwünscht, daß Importtiere eine Ahnentafel besitzen, die auf drei Generationen zurückgeht. Die Weiterzucht dieser Rasse verspricht aber auch einige Erwartungen. Der heutige Pumi in seiner modernen Form gewinnt immer mehr an Beliebtheit. Er ist von schneidigem Charakter, lebhaft, gelehrig und unempfindlich. Im Gegensatz zum Puli trägt er eine mittellange Behaarung, die sich kaum verfilzt. Die Behaarung ist jedoch heute noch nicht ganz einheitlich. Es gibt eine kurze Behaarung, eine etwas lockigere sowie eine gekräuselte Variation. Nie sollte das Haar – wie beim Puli – lang und in Filzsträhnen herunterhängen; ebenso unerwünscht ist ein ganz »offenes« schlichtes Haar.

Standardmäßiger Pumi.

Standard des Pumi in Kurzform

Hochgestellte, leicht gekippte Ohren am verlängerten, eckigen Kopf, terrierartiger Kopf, die Augen dunkelbraun.
Körperbau ähnlich dem des Puli. Aufwärtsstehende Rute. Welpen werden des öfteren mit Stummelschwänzen geboren, darum ist es auch im Standard genehmigt, die Rute zu kupieren.

Fell. Der Pumi muß einfarbig sein, ohne Flecken oder Schecken. Alle Farben zwischen Grau, Schwarz und eventuell Rötlichbraun sind anerkannt.
Widerristhöhe nach Stockmaß 35 bis 44 cm; Körpergewicht 8 bis 13 kg.

Bewegungen. Der Pumi ist sehr temperamentvoll und munter, bewegt sich rasch, in kurzem Schritt oder scharfem Galopp.

Vorkommende Fehler. Überwiegend rühren die Fehler von der Puli-Abstammung her, so beispielsweise Puli-ähnliches Fell. Hängeohren sind auszumerzen, Stehohren sind auch unerwünscht, desgleichen kurze Schnauze, gelbe Augen.

Ausschließende Fehler. Verfilzte Behaarung; kurze, glatte Behaarung. Runder Kopf, Vorbiß, Unterbiß stärker als 2 mm. Mangelhafte Pigmentierung, Scheckung.

Der Mudi

Auch der Mudi entstand durch eine Kreuzung der verschiedenen ungarischen Treibhunderassen. Ende des 19. Jahrhunderts und zu Beginn des 20. Jahrhunderts bildete sich der Mudi als eigene Rasse heraus. Ein offizieller Standard wurde erarbeitet, der 1966 auch in der Bundesrepublik erschien und anerkannt wurde.

Mudi mit gepflegtem Äußerem.

Der Mudi ist ein mittelgroßer Treibhund mit der kürzesten Behaarung unter den Ungarischen Hirtenhunden. Er ist gelehrig, unempfindlich und besitzt ein reges Temperament.

Standard des Mudi

Der Kopf ist gestreckt, oben am schmalsten, der Schädel schwach gewölbt, die Stirn leicht gefurcht, die Profillinie der Stirn etwas erhaben, der Stop kaum wahrnehmbar. Augenbogen etwas geschweift, der Schnauzenteil verjüngt sich ein wenig, der Nasenspiegel läuft spitz zu und endet abgerundet. Augen oval, mit schwach schrägem Schnitt. Augenlider und Lefzen schließen fest. Augen dunkelbraun. Gebiß regelmäßig, schließt scherenförmig. Die spitzen Stehohren sind hoch angesetzt, von umgekehrter V-Form und werden lebhaft bewegt.
Der Hals ist höher als mittelhoch angesetzt, bildet einen Winkel von 50 bis 55 Grad mit der Rückenlinie, ist mittellang, etwas geschweift, muskulös und verfügt weder über eine Haarkrause noch eine Wamme.

Rumpf. Die obere Linie des Rumpfes fällt nach hinten deutlich ab, was von der häufigen Rückwärtsstellung der Hinterläufe noch unterstrichen wird. Der Widerrist steht ziemlich hervor und ist lang, der Rücken kurz und gerade. Die zwei oder drei Finger lang kupierte Rute ist mittelhoch angesetzt und abwärtsgerichtet. Eine angeborene Stummelrute ist kein Fehler. Der Brustkorb ist tief und lang, jedoch mittelmäßig breit, der Bauch etwas hochgezogen, die Geschlechtsteile sind tadellos.

Der Vorderlauf. Das Schulterblatt ist mittelmäßig abschüssig. Das Oberarmbein ist mittellang und steht fast waagerecht zum Schulterblatt. Die Schulterhöcker liegen etwas hinter der Ebene der Brust. Die Ellenbogen schmiegen sich fest an den Rumpf an. Die Vordermittelfüße stehen etwas steil. Die Pfoten sind eng geschlossen. Das Sohlenpolster ist elastisch.

Der Hinterlauf. Die Oberschenkelbeine sind mittellang, die Hintermittelfüße kurz und steil. Alles andere ist wie beim Vorderlauf. Der

Hinterlauf ist gestreckt und nach rückwärts stehend. Wolfskrallen sind unerwünscht.

Die Haut. Sie ist dunkel-schiefergrau und enthält viel Pigment. Die freien Hautflächen sind schwarz, nie mehrfarbig oder pigmentlos. Die Krallen schiefergrau. Die Iris ist dunkelbraun.

Die Behaarung. Auf dem Kopf, an der Vorderseite, an den Enden der Gliedmaßen ist die Behaarung kurz, glatt, anliegend. Die Haare der Ohren reichen auch über deren Rand hinaus, sind mittellang und stehen auseinander. Die übrigen Körperteile sind mit 3 bis 7 cm langem, dichtem, stark welligem oder schneckenförmigem, glänzenden Haar bedeckt. Die Behaarung ist nicht zottig und verfilzt sich nicht, sie bildet Wirbel und Strähnen. Am Ellenbogen und am Unterschenkel ist die Behaarung am längsten, hier bildet sich eine Haarfahne. Die Haarfarbe ist glänzendschwarz oder mit gleichmäßig verteilten, mittelgroßen schwarz-weißen oder weiß-schwarzen und mehrfarbigen Flecken durchsetzt. Es kommen auch weiße Exemplare vor. Die Farbe der Pfoten richtet sich immer nach der Grundfarbe.

Bewegung. Seine Bewegung ist lebhaft, rasch. Obwohl der Mudi kleine Schritte macht, ist sein Galopp dennoch raumgewinnend.
Widerristhöhe nach Stockmaß 35 bis 47 cm, Körpergewicht 8 bis 13 kg.

Fehler. Kurze Behaarung an den Ohren, helle Augen, langer Rumpf.

Ausschließende Fehler. Kurze, anliegende Behaarung des Rumpfes, lange Behaarung am Kopf, verfilzendes Fell; Pigmentfehler. Herabhängende Ohren. Vorbiß, Unterbiß stärker als 2 mm.

Der Pyrenäen-Berghund

Er gehört zu den ältesten und größten Hunderassen der Welt. Dieser Hund wurde in seiner Heimat, den Pyrenäen, zum Bewachen und Verteidigen gezüchtet. Seine Kraft, Ausdauer und Beweglichkeit befähigte ihn zum Kampf. Zum eigenen Schutz trug er oft Halsmanschetten aus Metall mit nach außen stehenden Stacheln. Diese gaben ihm zusätzlich Schutz vor Angriffen. Das weiße dichte Fell unterschied den Hund bei Nacht vom Raubtier und machte ihn gegen Wind und Wetter unempfindlich.

Ihre natürliche Schönheit, verbunden mit einem majestätischen Gang, hat der Rasse den Kosenamen »lebendige Schneewehen der Pyrenäen« eingebracht. Der Pyrenäen-Berghund gehört zu den Stammvätern einiger bekannter Hunderassen, zum Beispiel Leonberger, Neufundländer und Landseer. Die Pyrenäen-Berghunde erreichten bereits im 17. Jahrhundert großes Ansehen, als einige dieser Hunde am Hof Ludwigs XIV., dem Sonnenkönig, gehalten wurden. Sie waren dort lange Zeit erklärte Favoriten. Heute erfreut sich diese Rasse wieder ständig wachsender Beliebtheit. Sie zeichnet sich durch ein freundliches, liebenswürdiges und ausgeglichenes, aber auch sehr wachsames Wesen aus. Allerdings brauchen diese großen Hunde viel Platz, um ihrem Bewegungsdrang nachzukommen. Ebenso benötigen sie eine gute, vor allem konsequente Erziehung, denn hin und wieder kommt schon einmal ihr Dickkopf zum Vorschein. Als besondere typische Rassekennzeichen sind der Paßgang und die doppelten, kräftig ausgebildeten Wolfskrallen an beiden Hinterläufen zu nennen. Eine Verletzungsgefahr an den Wolfskrallen ist erfahrungsgemäß nicht gegeben. Die Pyrenäen-Berghunde werden in Deutschland vom »Klub für Ungarische Hirtenhunde e.V.« betreut.

Pyrenäen-Berghunde. Ein schönes Zuchtpaar.

Rassekennzeichen und Standard des Pyrenäen-Berghundes

Gesamterscheinung. Ein Hund von bedeutender Größe und majestätischer Haltung. Eindrucksvoll und stark gebaut, ohne aber einer gewissen Eleganz zu entbehren.

Kopf. Nicht zu groß im Verhältnis zur Körpergröße. Die Seiten des Kopfes sind ziemlich flach, die Schädelkapsel oval und nicht zugerundet, mit mäßig tiefer Mittelfurche. Die Profillinien des Kopfes verlaufen allmählich zu dem starken Fang, der von guter Länge und gegen das

Ende zu mäßig zugespitzt sein soll. Die Oberlippen sind nur so weit überhängend, daß sie gerade noch den Unterkiefer bedecken. Die Lippen sind schwarz oder sehr stark gefleckt. Gaumen und Nasenspiegel schwarz. Mit einem Wort: Die Schädelform des braunen Bären mit gelappten Ohren.

Augen. Eher klein, klug und nachdenklich im Ausdruck. Dunkelbernsteinbraun und ein wenig schräg in den Kopf eingesetzt. Die Augenlider anliegend und schwarz gerändert.

Ohren. In Augenhöhe angesetzt. Eher klein, dreieckig, an der Spitze gerundet. Sie sollten flach gegen den Kopf fallen.

Hals. Stark, eher kurz, mit nur gering entwickelten Kehlfalten.

Schulter. Mittelmäßig schräg, Widerrist stark entwickelt, muskulös.

Rumpf. Die Brust breit und tief. Seitenbrust mäßig gewölbt. Rücken von guter Länge, breit und straff. Die Kruppe mäßig schräg mit mäßig gewölbten Lenden. Die Flanken nur wenig aufgezogen.

Gliedmaßen. Vorderläufe gerade, stark, gut befedert. Fransen auch an den Hinterschenkeln. Die Schenkel gerundet, aber nicht zu tief herabreichend. Die Sprunggelenke sind oftmals gestreckt. An den Hinderläufen doppelte Afterklauen, zuweilen auch vorne.

Pfoten. Nicht lang, geschlossen, mit ein wenig gewölbten Zehen.

Rute. Mäßig lang, dick und buschig. In der Ruhe tief getragen, nur an der Spitze geringelt. In der Erregung wird die Rute über dem Rücken geringelt (ein Rad machen).

Haar. Dicht, schlicht, mäßig lang, länger nahe der Rute und um den Hals, wo es etwas wellig sein darf. An den Hintervierteln feiner, wolliger und sehr dicht.

Farbe. Weiß, auch mit Flecken, dachsgrau, fahlgelb oder wolfsfarbig an Kopf, Ohren und dem Rutenansatz. Dachsfarbene Flecken sind sehr geschätzt. Mehrere Flecken auf dem Rumpf gelten nicht als Fehler.

Größe. Hündinnen 65 bis 72 cm; Rüden 70 bis 80 cm.

Gewicht: 45 bis 55 kg.

Fehler. Zu plumper Schädel, Oberschädel zu stark entwickelt, runde Stirn, Nasenabsatz zu ausgesprochen. Schlechte Zähne, ungleich lange Kiefer. Runde, zu helle oder vorquellende Augen, auswärts gerollte Augenlider. Nicht pigmentierte Stellen an Nase und Augenlidern, unzureichende Pigmentierung der Schleimhäute. Hängelefzen, lange oder gefaltete Ohren. Zu schütter behaarte oder schlecht getragene Rute. Kurzes oder gekraustes Haar. Zu gestreckte Hinterläufe (ein gewöhnlicher Fehler). Andere Farben als die bereits erwähnten, was auf Kreuzungen schließen läßt. Höhe und Gewicht unter dem Minimum (Disqualifikat), Fehlen der Wolfskrallen an den Hinterläufen.

Das Gebiß, und die Anatomie des Hundes

Das Gebiß des Hundes ist wohl sein wichtigstes Mehrzweckkörperteil. Es dient sowohl zum Zerkleinern der Nahrung als auch in früheren Zeiten zu ihrer Beschaffung. In der heutigen Zeit wird der Hund zum weitaus größten Teil von den Menschen mit Futter versorgt, und er braucht seine Zähne nur noch zum Zerkleinern der Nahrung. Ein oft erwünschter Nebeneffekt ist es auch heute noch, daß die Zähne des Hundes zum eigenen Schutz und der Verteidigung des Menschen dienen können.

Das Gebiß des Hundes ist seiner Körpergröße entsprechend normal dimensioniert. Es besteht aus 42 Zähnen, wobei im Unterkiefer 22 und im Oberkiefer 20 Zähne sitzen. Sie bestehen aus insgesamt 10 Molaren, 16 Prämolaren, 4 Fangzähnen und 12 Schneidezähnen.

Ein Welpengebiß hat 32 Zähne. Etwa zwischen dem vierten bis sechsten Monat findet der Zahnwechsel vom Milchgebiß zum endgültigen Scherengebiß statt. Fehlbildungen wären ein Vorbiß, unregelmäßig gewachsene Zähne sowie fehlende Zähne.

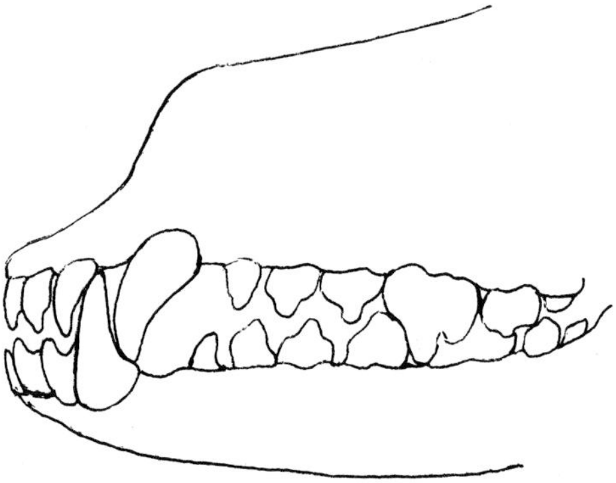

 Normales Gebiß, die Prämolaren stehen auf Lücke.

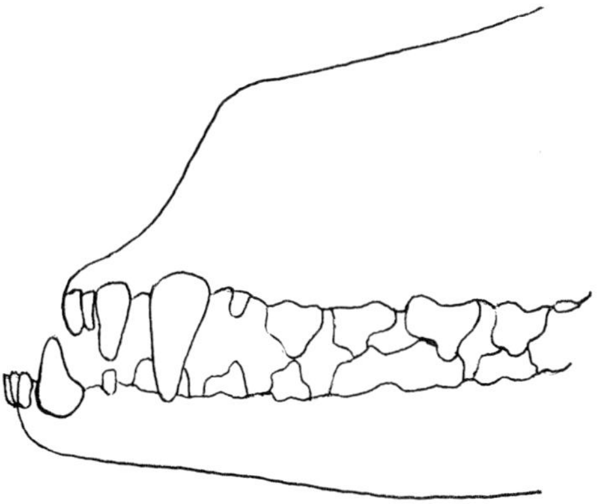

Mit starkem Vorbiß, der Unterkiefer überragt den Oberkiefer.

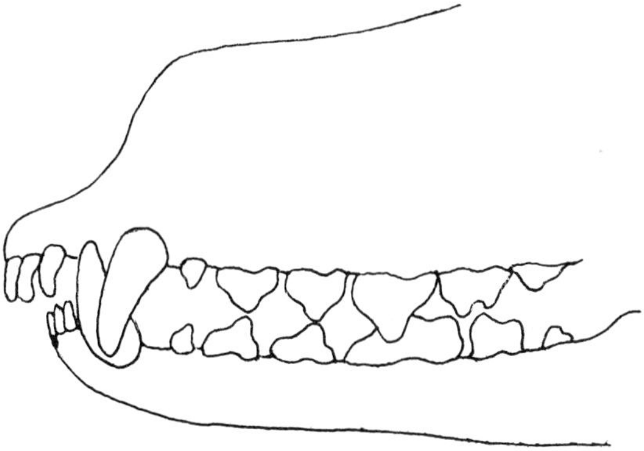

Mit regelwidrigem Unterbiß, der Oberkiefer ragt über den Unterkiefer hinweg.

Es ist bekannt, daß zum Heranbilden der Zähne Kalk gehört. Es ist also sehr wichtig, daß der Welpe zu seinem Futter Kalk zugesetzt bekommt. Nicht nur für die Zahnbildung ist dies wichtig, sondern der Kalkzusatz hat auch noch andere wesentliche Funktionen.

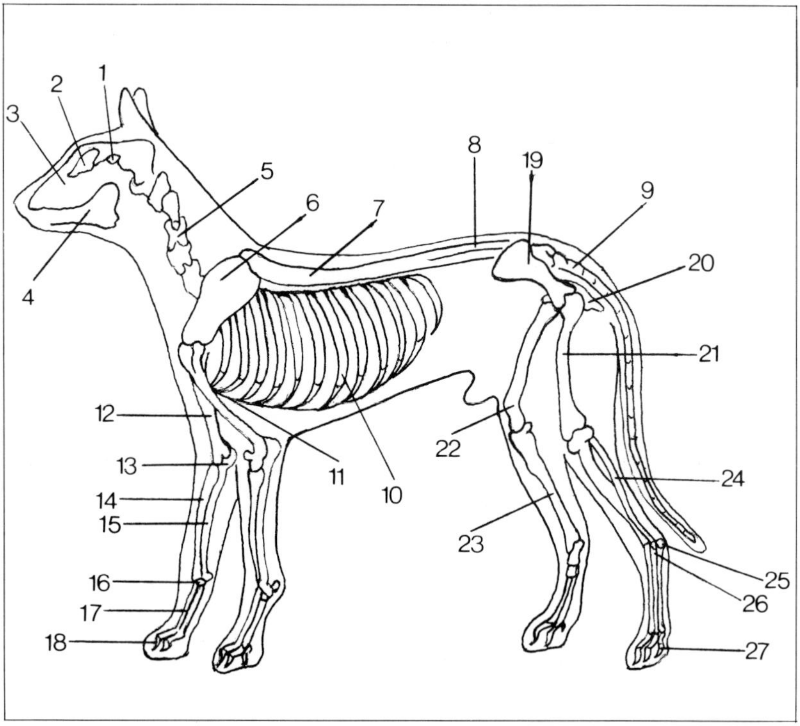

1 Hirnschädel
2 Augenhöhle
3 Gesichtsschädel
4 Unterkiefer
5 Halswirbel
6 Schulterblatt
7 Brustwirbel
8 Lendenwirbel
9 Schwanzwirbel
10 Rippen
11 Brustbein
12 Oberarmbein
13 Ellenbogen
14 Speiche
15 Elle
16 Vorderfußwurzelknochen
17 Vordermittelfußknochen
18 Vorderzehenknochen
19 Hüftbein
20 Sitzbeinhöcker
21 Oberschenkelbein
22 Kniescheibe
23 Schienbein
24 Wadenbein
25 Fersenhöcker
26 Hinterfußwurzelknochen
27 Hinterzehenknochen

Voraussetzungen zur Hundehaltung

Der Hund im Haus

Es ist ein gewaltiger Unterschied, ob Sie einen Puli oder einen Kuvasz im Hause haben. Falls Sie nicht in der glücklichen Lage sind, außer Ihrem Wohnraum noch ein umzäuntes Grundstück zu haben, auf dem sich ein Hund frei bewegen kann, sollten Sie sich vor Anschaffung eines Hundes doch intensiv Gedanken über die Größe des Tieres machen. Es ist unmöglich, einen Kuvasz oder Komondor auf der Etage zu halten, weil es zu unzumutbaren Belastungen für alle Seiten führen würde.
Ein großer Hund sollte einen Zwinger mit Hütte haben – das ist sein Reich, sein unantastbares Territorium. Dahin kann er sich zurückziehen, und man sollte das auch respektieren. Wenn Ihr Hund auf dem Grundstück frei herumläuft, so wird er sich eine Stelle suchen, wo er seine Hundetoilette hat. Falls sich auf dem Teil des Grundstückes, der für den Hundeauslauf vorgesehen ist, niedrige Sträucher und Bäume befinden, werden diese nach kurzer Zeit vom Hundeurin sehr in Mitleidenschaft gezogen und gehen ein. Ebenso kann von einem gepflegten Rasen auch nicht mehr lange die Rede sein.

Was die Einzäunung des Grundstückes betrifft, so ist folgendes zu beachten: Wir haben die Erfahrung gemacht, daß unsere Hunde von einem ausgeprägten Erkundungsdrang beseelt sind. Als erstes wurde der 1,50 m hohe Maschendraht förmlich zerfetzt. Das den Maschendraht ersetzende Baustahlgewebe erwies sich als zu niedrig und wurde auf 2 m erhöht. Nachdem unsere Hunde auch diese Höhe kletternd mit Klimmzügen überwanden, wurden noch einmal 40 cm nach innen gebogen daraufgesetzt – die halten nun die Ausbrecher vor weiteren Erkundungsausflügen ab.
Halten Sie einen kleineren Hund in der Wohnung, müssen Sie mehrere Dinge beachten:
Auch hier muß der Hund einen Platz haben, den er als sein persönli-

ches »Stück Land« betrachten kann. Am liebsten ist ihm ein Platz, von dem aus er alles übersehen kann. Diese Stelle in der Wohnung sollte auch etwas geschützt sein, also unter einem Treppenaufgang oder in einer Ecke liegen. Es ist selbstverständlich, daß der Platz mit einer alten Decke oder ähnlich isolierenden Unterlage ausgestattet wird. Die Ungarischen Hirtenhunde haben von Natur aus ein sehr dichtes Fellkleid, das sie im Freien im Winter vor der stärksten Kälte schützt und im Sommer die größte Hitze ebenfalls abhält. Es ist trotzdem nicht angebracht, dem Hund im warmen Wohnzimmer seinen Platz zu geben, er fühlt sich in einem kühleren Vorraum wohler.

Wo bekomme ich einen Ungarischen Hirtenhund?

Haben Sie sich für den Kauf eines Hirtenhundes entschieden, so schreiben Sie den »Klub für Ungarische Hirtenhunde e. V.« in Berlin an. Si-

Nun wissen alle, daß ich schön bin.

Ich bin der Größte. Komondorrüde, ein Jahr alt.

cherlich wird man Ihnen umgehend eine Züchterliste zuschicken, die Ihnen die Anschriften verschiedener Züchter nennt, die gerade Welpen haben oder erwarten. Sollten die Würfe schon vergeben sein, wird Ihnen jeder Züchter gern Auskunft darüber erteilen, wann mit einem weiteren Wurf zu rechnen ist. Der Klub für Ungarische Hirtenhunde e. V. ist dem VDH (Verband für das Deutsche Hundewesen) mit Sitz in Dortmund angeschlossen (Anschriften am Schluß des Buches).

Jeder Klub, der dem VDH angeschlossen ist, geht bestimmte Verpflichtungen ein. So unterliegt er den strengen Zuchtbestimmungen, die uns einen standardmäßigen, reinrassigen Hund gewährleisten. Welpen erhalten nur dann eine Ahnentafel vom VDH, wenn die Elterntiere alle Bedingungen für die Zucht voll erfüllt haben. Das heißt: Beide Elterntiere müssen selbst ordnungsgemäße Ahnentafeln vom VDH haben. Sie müssen geröntgt und angekört sein. Die Ankörzeit darf bei keinem der Elterntiere schon abgelaufen sein. Ein Hirtenhund wird auf 2 Jahre angekört, nach Ablauf dieser Zeit muß er wieder neu für die Ankörung vorgeführt werden.
Zuchtverstöße, gleich welcher Art, werden nicht akzeptiert. Dies garantiert Ihnen, einen Welpen zu erwerben, der seinem Standard wirklich entspricht.
Weiterhin bietet uns der VDH sehr viele Möglichkeiten, uns über Ungarische Hirtenhunde zu informieren: durch viele Ausstellungen und auch durch die Zeitschrift »Unser Rassehund«.

Hundekauf im Ursprungsland Ungarn

Sehr oft kommt es vor, daß man sich ganz plötzlich entschließt, einen Hirtenhund zu erwerben. Beim Befragen mehrerer Züchter der gewünschten Rasse muß man nun erfahren, daß die Würfe schon vergeben sind. Somit muß ein neuer Wurf abgewartet werden. Viele Leute möchten aber nicht so lange warten und kommen zu dem Entschluß, sich dann einen Hund direkt aus Ungarn zu holen, zumal der Preis für einen Welpen in Ungarn geringer ist als in Deutschland. So könnte man eventuell gleichfalls etwas Geld sparen.
Dabei gibt es jedoch einige Risiken. Denn in Ungarn kennt man so gut wie keine Zuchtbestimmungen. Es gibt dort zahlreiche Hundezüchter, denn diese Zucht bietet eine der wenigen Chancen, zu einem kleinen Nebenverdienst zu kommen. Daraus erklärt sich auch, daß die Züchter ihre Hündinnen in jeder Hitze belegen lassen – gleich, von welchem Rüden. Es wird mit allen einigermaßen gesunden Hunden gezüchtet, wobei es keine Rolle spielt, ob ihnen die Zähne fehlen oder ob sie »HD« – Hüftgelenksdysplasie – haben. Diese erbliche Gelenkveränderung wird noch eingehend beschrieben. Sie ist nur mit einer Röntgen-

»Anzó«, der lautlose Wächter.

aufnahme klar zu diagnostizieren. Ein Röntgenzwang besteht in Ungarn jedoch nicht.
Die ungarische Ahnentafel ist auch noch lange keine Garantie, denn erst später gibt der Hund Zeugnis davon, ob er dem Standard entspricht. Besitzen Sie also keine oder wenig Erfahrung, ist von einem Kauf in Ungarn abzuraten. Lassen Sie sich nicht täuschen: Alle kleinen Hundewelpen sehen niedlich aus.
Wenn Sie nun Fahrtkosten, Übernachtungen, Verpflegung, den Welpenpreis, Überführungskosten, die nötigen Impfungen im Ursprungsland, das Umschreiben der Ahnentafel im Heimatland etc. zusammenrechnen, dann stellen Sie fest, daß Sie bei einem deutschen Züchter bestimmt nicht mehr für einen Welpen bezahlen müssen. Sie kommen dann zwar um eine möglicherweise interessante Reise herum, haben dafür aber die Gewißheit, einen reinrassigen Hirtenhund mit VDH-Papie-

In Gemeinschaft im Kuvasz-Zwinger lebend.

ren und guten Voraussetzungen zu besitzen. Eine Reise dauert nur wenige Tage, ein Hundeleben dagegen Jahre.
Sind Sie trotz allem von Ihrem Vorhaben nicht abzubringen, so lassen Sie sich vom »Klub für Ungarische Hirtenhunde« ungarische Züchter benennen, mit denen man gute Erfahrungen gesammelt hat. Des weiteren bitten Sie in Ungarn einen Ausstellungsrichter, Ihren ausgesuchten Welpen vor dem Kauf zu beurteilen. Auch der ungarische Hundezuchtverein MEOE wird Ihnen behilflich sein.

Besuch beim Züchter: Welpenkauf

Der Hund wird oftmals der beste Kamerad des Menschen genannt. Mit Kameraden verbindet uns ein besonders gutes Verhältnis, anders als mit den meisten der uns umgebenden Lebewesen. Das Zuhause prägt den jungen Menschen – ähnlich ist es auch beim Hund. Haben Sie sich zum Kauf eines Hundes entschieden, scheuen Sie nicht die Mühe, Vergleiche zu ziehen und mehrere Züchter zu besuchen. Ein Züchter, der sich liebevoll um seine Hunde kümmert, seine Zwingeranlage großzügig und sauber hält, erfüllt schon einen großen Teil der in ihn gesetzten Erwartungen. Die ersten Wochen des aufwachsenden Hundes sind wichtig

Vater und Sohn bei der morgendlichen Revieruntersuchung.

für seine weitere Entwicklung. Ein Welpe, der fast keinen Kontakt zu Menschen hat, wird es schwer haben, sich in seine neue Umgebung beim neuen Besitzer einzufügen. Es kann sein, daß er scheu ist und vor späteren fremden Besuchern Angst hat, was wiederum unseren Vorstellungen vom Ungarischen Hirtenhund nicht entspricht. Der junge Hund muß vom Züchter mit den Dingen versorgt werden, die ein Heranwachsen zu einem gesunden, kräftigen Hund nicht im Wege stehen. Ich bin der Meinung, daß ein Mensch, der sich mir gegenüber freundlich und zuvorkommend zeigt, sich auch gegenüber seinen Hunden so verhält und es an nichts mangeln läßt.

Auf der anderen Seite ist es wichtig, daß der Welpe nicht zu früh von seiner Hundefamilie fortkommt, denn dort lernt er noch viele Dinge, sowohl von seinen Eltern als auch beim Herumbalgen mit seinen Geschwistern, die ihm später Sicherheit, Selbstvertrauen und Mut geben.

Ein nochmaliger Besuch beim Züchter, bei dem wir unseren Hund kaufen wollen, gibt uns auch die Möglichkeit, die Elterntiere kennenzulernen, denn man kann davon ausgehen, daß die Nachkommen ähnliche

 »Anzó«, einjähriger Kuvaszrüde.

Wesensmerkmale zeigen werden. Zusätzlich erleichtert es noch die Auswahl eines Welpen.

Rüde oder Hündin?

Es ist keine große Entscheidung für einen Hundekenner, ob er sich einen Rüden oder eine Hündin anschaffen soll. Jedes Geschlecht hat seine Eigenarten, und wir müssen nur wissen, welche Eigenschaften uns am sympathischsten sind oder welche uns stören.

Eine weitverbreitete Volksmeinung über Hündinnen ist, daß sie in ihrer Hitze für ungewöhnlich viel Aufregung sorgen. Da wird erzählt, wenn eine Hündin heiß ist, würden sämtliche Rüden der Nachbarschaft sich ein Stelldichein geben und vor dem Heim der Angebeteten wahre Konzerte veranstalten und auch sonst noch – unter anderem durch Hinterlassen ihrer Duftmarken – für Schmutz und ungewöhnliche Unruhe sorgen. Dies trifft nur in Ausnahmefällen zu, und wenn man nicht züchtet, gibt es heute schon sehr gute Mittel, um die Rüden nicht auf die Hündin besonders aufmerksam werden zu lassen. Die regelmäßig eintretenden Hitzen sind für viele Menschen der einzige Grund, sich lieber einen Rüden anzuschaffen.

Wichtige Eigenschaften, die für eine Hündin sprechen, sind ihre größere Beständigkeit zum Haus, größere Wachsamkeit und besserer Gehorsam. Hündinnen sind lebhafter in ihrem ganzen Verhalten und Benehmen.

Ein Rüde ist sich durch und durch seiner Stärke bewußt – und der Rolle, die er als männliches Wesen spielen zu müssen glaubt. Man muß ihn allzeit wissen lassen, daß er in der Rangfolge hinter Herrchen und Frauchen zu kommen hat.

Eine oft anzutreffende Unart der männlichen Tiere ist es, erst nach mehrmaligem Rufen zu kommen – und dann möglichst auch nur im langsamsten Gang. Besonders bei reinrassigen Ungarischen Hirtenhunden ist diese Eigenwilligkeit ausgeprägt. Man muß viel Geduld und Liebe aufbringen und sich eventuell arrangieren. Sie können sie erziehen, aber nicht dressieren.

Auch haben Rüden die störende Eigenart, möglichst viele Stellen durch Beinheben zu markieren, was beim Spazierengehen manchmal sehr lä-

Geschwister. Kuvaszrüde und -hündin.

stig sein kann. Durch seine gewaltige Erscheinung gegenüber einer Hündin aber präsentiert der Rüde die Merkmale seiner Rasse.
Alles in allem kann man sagen, daß die unerfreulichen Eigenarten dieser Hunde sehr gering sind. Die Entscheidung über Rüde oder Hündin ist wirklich nicht allzu schwer. Ich erinnere mich immer gern an den Satz, der anläßlich einer Hundeausstellung in Kiel einmal auf einem großen Transparent der Hallenwand stand: »Jeder hat den besten Hund!«

Erziehung des jungen Hundes

Der Welpe

Ein kleiner Hund, der im Alter von ungefähr 8 bis 12 Wochen von seiner Mutter fortgenommen wird, fühlt sich innerhalb der ersten Tage natürlich furchtbar verlassen. Wir müssen ihm helfen, diese scheinbare Einsamkeit zu überwinden. Er war es gewohnt, die Mutterwärme in seiner Nähe zu haben und beim ersten wehleidigen Ton bei sich zu spüren. Dazu kamen meistens auch noch seine Geschwister, die stets zum Toben und Spielen bereit waren. Ich habe schon mehrere Hundewelpen in mein Haus geholt und kaum Heimwehprobleme mit ihnen gehabt. Als ich bei dem Züchter ankam, um den Welpen abzuholen, nahm ich mir einen ganzen Tag Zeit – auch um die Elterntiere besser kennenzulernen; schließlich würde mein Hund ähnlich in seinem Charakter werden. Für den Heimweg habe ich ein Stück von der Decke mitgenommen, die in seiner Wurfkiste lag und intensiv nach seinem Zwinger

Komondorwelpen bei der ersten selbständigen Nahrungsaufnahme.

roch. Ist die Fahrt lang, muß man den Welpen auf jeden Fall mit frischem Wasser versorgen; zum Fressen sollte man ihm nichts geben, denn Autofahren ist er meist überhaupt nicht gewohnt. Es kann passieren, daß er das Auto vollspuckt.
Zu Hause angekommen, weist man ihm seinen Platz zu, an dem er immer liegen sollte, spricht lieb und beruhigend auf ihn ein. Dann bekommt er zu saufen und zu fressen. Der junge Hund kannte in seinem Zwinger oder seiner Wurfkiste einen Platz in seiner unmittelbaren Nähe, wo er sein Geschäft verrichtete. Das wird jetzt anders, weil man dem neuen Hund seinen Platz vor der Tür auf dem zum Hause gehörenden Grundstück zuweist. Hat er dort sein Geschäft verrichtet, muß man ihn auffallend loben. Die erste Zeit ist es normal, daß dies auch im Hause passiert. In diesem Fall nimmt man eine zusammengefaltete Zeitung und schlägt damit auf den Boden oder klatscht in die Hände – Geräusche, bei denen der Hund sich erschreckt und somit lernt, daß er dies nicht darf.
Welpen sind wie kleine Kinder, ständig zum Spielen aufgelegt, und man sollte ihnen dazu genug Gelegenheit geben. Kantige und scharfe Dinge zum Spielen sind zu vermeiden, insbesondere sind Kunststoffe sehr gefährlich, weil sie nicht verdaut werden und im Magen liegen bleiben oder den Darm verletzen. Der Welpe wird auch Möbel, Teppiche und Vorhänge anknabbern, was dem Haushalt nicht gerade zuträglich ist. Auch hier hilft die bewährte Methode mit der Zeitung oder dem Händeklatschen.
Um dem Welpen sein neues Gelände zu zeigen (falls man eines hat), nimmt man ihn an die Leine und geht mit ihm über das Grundstück. Es kann sein, daß er sich schon an das Halsband gewöhnt hat, aber die Leine wird für ihn völlig neu sein. Sie ist sehr ungewohnt und einzwängend. Er wird daher versuchen, durch Ziehen und wilde Sprünge sich dieser Zwänge zu entledigen. Man läßt ihn sich austoben, spricht beruhigend auf ihn ein und versucht dann, den Hund an der linken Seite des Herrchens oder Frauchens zu führen.

Hat man einen Garten, sollte man den Hund gleich daran gewöhnen, wo er sich aufhalten darf und wo nicht. Es ist Ihren hübschen Beeten nicht zuträglich, wenn der Hund dort war, und sie sehen nach kurzer Zeit aus wie umgepflügt. Hunde buddeln auch gerne. Ich lasse sie dies

Puliwelpen betrachten ihre Umwelt. Noch sieht man ihre Augen.

auch tun. Sie sehen dann zwar nicht mehr sauber aus, wenn es aber zu arg wird, kann man sie ja säubern.

Eine wichtige Sache ist es, den Hund von vornherein nicht an das Kläffen zu gewöhnen. Bellen ist die einfachste Art, sich bemerkbar zu machen. Bellt er bei ungewohnten Geräuschen, so lobt man ihn, denn er soll uns doch bewachen und auf Gefahren aufmerksam machen. Ein Hund, der praktisch nur als Klingelverstärker im Hause dient, wird den Anforderungen eines wachsamen Hundes nur ungenügend gerecht. Der junge Welpe muß auch frühzeitig an das Alleinsein gewöhnt werden – ein Problem, auf das wir noch zurückkommen.

»My home is my castle« – dies gilt auch für das engste Reich des Hundes. Wenn der Welpe etwas angestellt hat und man schimpft mit ihm oder will ihn etwa bestrafen, so darf man ihn nicht von seinem Liegeplatz oder aus seiner Hütte zerren. Dort genießt er bei mir strikte Immunität, die man auch nicht damit untergraben darf, indem man aus Spaß mit in seine Hütte hineinkrabbelt.

Die Zuneigung meiner Hunde zeigt sich im Wedeln der Rute und freundlichem Jaulen, in unaufgefordertem Pfotegeben und besonders im Anspringen. Außenstehende halten das für eine schlechte Erziehung, aber dies ist nicht so. Man sollte ihn aber auf jeden Fall davon abhalten, Freunde des Hauses auch so zu begrüßen, denn unser Welpe kann schon etwas schmutzig sein und somit die Kleidung unserer Gäste verderben.

Stubenreinheit

Solange die Welpen bei der Mutter sind, kann man ihnen schwer Stubenreinheit angewöhnen. Uns geht es aber darum, sie dem einzelnen, neu gekauften Hund in unserem Hause anzugewöhnen. Der kleine Welpe, der ja fast zusehends wächst, hat einen ungeheuren Appetit, und entsprechend ist auch seine Verdauung. Der junge Hund, der mit ungefähr acht Wochen zu uns ins Haus kommt, muß gleich daran gewöhnt werden, daß er tagsüber möglichst alle Stunde vor die Tür geführt wird. Verrichtet er nun sein Geschäft, so muß man ihn ausgesprochen loben und streicheln. Passiert ihm ein Malheur in den Wohnräumen und man ist Zeuge, schimpft man sehr laut mit ihm und macht deutlich, daß einem das überhaupt nicht gefällt, wobei die Worte »Pfui« und »Nein« im Tonfall für den Hund sehr einprägsam sind.
Auf keinen Fall sollte man die weitverbreitete Widerlichkeit begehen, den Hund mit der Nase in den Kot oder in den Urin zu stupsen. Sehr wirksam ist es, seine Mißbilligung noch dadurch zu unterstreichen, daß man eine zusammengerollte Zeitung auf den Boden schlägt. Ein sehr einprägsames Geräusch, das nicht ohne Wirkung auf den Hund bleibt.

Bis ein Hund stubenrein ist, können ein paar Tage oder auch Wochen vergehen. Man sollte auf keinen Fall die Geduld verlieren oder unbeherrscht werden. Eine Hilfestellung für schwierige Fälle ist es, eine weit ausgebreitete Zeitung an die Stelle zu legen, die der Hund sich im Wohnzimmer für diesen Zweck ausgesucht hat – es geht so einfacher zu entfernen.
Ich habe die Erfahrung gemacht, daß Hündinnen sich im Erlernen der Sauberkeit schwerer tun als Rüden.

Das Alleinsein

Der junge Hund, der zu uns kommt, ist aus seiner Familie abrupt herausgerissen. Zumindest hatte er Tag und Nacht seine Mutter um sich, meistens aber auch noch mehrere Geschwister – in großen Zwingern

Kinderliebe ist bezeichnend für alle Ungarischen Hirtenhunde.

sogar noch weitere Hunde. Trifft er jetzt bei uns ein, sind ihm alle diese Bezugswesen genommen, und man bemüht sich, ihn das nicht allzu stark spüren zu lassen. Wir sind allzeit um den Hund herum und versuchen, ihm das Gefühl zu geben, daß er nicht allein ist.
Wir alle haben mit Arbeit unser tägliches Brot zu verdienen (das gilt auch für einen Sachbuch-Autor). In meinem Falle ist es die hauptberufliche Herstellung von Kuchen, die dem Broterwerb dient. An einem solchen wie an den meisten anderen Arbeitsplätzen ist ein Hund nicht angebracht. Wir müssen ihn darum jetzt wieder an das Alleinsein gewöhnen. Das ist nicht ohne Gefahren für den jungen Hund. Man denke an heruntergerissene Gegenstände und durchbissene Elektrokabel. Deshalb sollte der Hund in einem Raum gelassen werden, in dem keine unmittelbaren Gefahren drohen, in dem er auch nichts anstellen kann.

Es ist keine Seltenheit, daß Polstermöbel nach ein paar Stunden sperrmüllverdächtig aussehen. Heruntergerissene Vasen, Aschenbecher und

Geschirr haben schon oft zu Schnittwunden geführt. Auch Gardinen, Vorhänge und Teppiche waren nach kurzer Zeit erneuerungsbedürftig.

Wenn der Hund merkt, daß man fortgehen will und er allein gelassen wird, kann es sein, daß er einen Mordskrawall veranstaltet und gewaltig tobt – bei den ersten Malen ganz sicher. Dann müssen wir konsequent bleiben und dürfen nicht nachgeben. Wenn Sie immer wieder zurückgehen und versprechen, gleich wiederzukommen, erreichen Sie bestimmt nicht, daß sich das Tier ruhig verhält und Ihre Rückkehr abwartet.

Man sollte die Abstände, nach denen man wiederkommt, immer etwas ausdehnen, angefangen mit dem Weg zum Mülleimer und dem Einkaufen. Der Hund merkt dann, daß man jedesmal nach einer gewissen Zeit wiederkommt. Hunde haben kein Zeitgefühl – die Freude über Herrchens Wiederkehr ist nach einer Stunde ebenso groß wie nach mehreren

Herrchen ist der Leithund.

Stunden. Mit einem Kauknochen und eine Schüssel Wasser versorgt, wird er die meiste Zeit schlafend verbringen und ein guter Wächter im leeren Hause sein. Der Idealfall ist natürlich, wenn man fast immer im Hause sein kann und so viel Platz ist, daß der Hund seinen eigenen Zwinger mit Hütte und Auslauf hat.

Die Leine

Wer kennt nicht die Bilder, auf denen Polizisten und Hundeführer zu sehen sind, die in Sportstadien oder auf anderen Massenveranstaltungen mit ihren scharfen Hunden für Ordnung sorgen sollen. Wehe, wenn diese auf den Mann dressierten Hunde nicht an einer festen Leine gehalten würden, – es käme zu einer Beißerei mit schweren Verletzungen. Am besten kann das jemand bestätigen, der schon einmal Bissen eines Hundes ausgesetzt war.

Die Hundeleine erfüllt mehrere Aufgaben:

- Wie oben schon genannt, hält sie den Hund im Zaum.
- Sie weist dem Hund seinen Platz an der linken Seite seines Herrchens oder Frauchens zu.
- Besonders in der Großstadt schützt sie den Hund. Ein Hund, der in der Stadt frei herumläuft, hat keine lange Überlebenschance; die Gefahren des Straßenverkehrs sind zu groß.
- Mit einer richtig geführten Leine zeige ich dem Hund, daß ich im wahrsten Sinne des Wortes sein »Führhund« bin und ihm meine Überlegenheit und Stärke beweise. Bei starken, großen Hunden kann das leicht ins Gegenteil schlagen, und der Hund führt den Menschen.

Aus all diesen Gründen sollte man ihn möglichst früh an das Tragen eines Halsbandes und einer Leine gewöhnen. Grundsätzlich gehört der Hund an die linke Seite des Menschen. Anders ist es beim Fahrradfahren: Dabei gehört er nach rechts zum Fußweg hin.

Geht man mit dem Tier in relativ menschenleeren Gegenden, kann man die Leine ruhig lang lassen, um ihm eine gewisse Freiheit und möglichst viel Gelegenheit zum Schnüffeln zu geben. Muß man in belebten Straßen gehen, sollte man die Leine kurz halten und den Hund mit dem Kommando: »Bei Fuß« eng an seiner linken Seite gehen lassen. Der Hund sieht in der Leine den verlängerten Arm des Menschen, und man sollte ihn nie mit der Leine schlagen – genausowenig mit der bloßen Hand. Man darf dem Hund nicht mit derselben Hand Schmerz zufügen, die ihn sonst liebkost und streichelt – wobei es überhaupt sehr fraglich ist, ob man ein Tier schlagen muß. Mit Liebe und Ausdauer kann man viel mehr erreichen.

Umweltschutz

Durch das in letzter Zeit oft zitierte Problem Umweltschutz wird auch der Hundefreund in ganz beträchtlichem Maße in Mitleidenschaft gezogen. Wenn man mit seinem Hund auf einer Straße geht und das Tier sich lösen muß, kann man den Vorgang nicht immer so beeinflussen,

»Alosza« sieht schon sehr selbstbewußt aus.

daß er gerade an einer Stelle stattfindet, wo es niemanden stört. Man bekommt garantiert sofort Ärger mit den Mitmenschen auf dem Fußweg, deren Reaktion von unflätigen Ausdrücken bis zu einer Anzeige bei der Polizei reicht.
Es gibt Vorschläge von mitzuführenden Hundetoiletten bis zu kleinen Hosen mit Windeln für die Vierbeiner, aber stellen Sie sich bitte einen Komondor in einer Hose vor!

Aus übersichtlicher Position sein Revier überblickend.

Einige Kommunen haben bereits kleine Areale eigens für Hunde eingerichtet. Es ist ja auch ein Unding und verantwortungslos, wenn man Hunde ihr Geschäft in Sandkisten und auf Kinderspielplätzen verrichten läßt – das kann zu schweren Krankheiten der Kinder führen. Wir sollten den Hund also an Plätze gewöhnen, an denen er niemand stört, wo wir auch gefahrlos für andere den Kot beseitigen können. Das Argument, daß wir doch Hundesteuer bezahlen, berechtigt nicht zum Verschmutzen der Straße und zum Belästigen der Mitbürger.

Die in der Umgebung eines Hundes wohnenden Bürger können sich auch vom Bellen eines Hundes belästigt fühlen. Man sollte auf jeden Fall von 22 bis 7 Uhr Hunde nicht längere Zeit im Freien bellen lassen. Es gibt bereits Gerichtsurteile, die das Krähen von Hähnen ab 20 Uhr verbieten wollen.

Nachts fahren in den Städten Motorräder, Autos und Busse, eventuell hört man auch Flugzeuge – ein kleiner Teil der uns umgebenden Geräuschkulisse, die eine zwangsläufige Begleiterscheinung unserer Zivilisation ist. Das Bellen eines Hundes ist dagegen ein natürliches Geräusch, trotzdem müssen wir es zeitweise unterbinden, um mit unseren Nachbarn in Frieden zusammenleben zu können.

Die Ahnentafel

Sie gehört wie der Impfpaß zum Hund. Die Ahnentafel ist sozusagen der Personalausweis des Hundes. Aus ihr lassen sich mehrere Dinge ersehen: die Zuchtbuchnummer, die Tätowierungsnummer, die mit der Tätowierungsnummer des Hundes im Ohr identisch sein muß. Es ist weiterhin daraus zu ersehen, wie sich sein Stammbaum zusammensetzt, ebenso, welche Ausstellungserfolge seine Ahnen erzielen konnten. Daraus kann man sich nun ein gutes Bild von der Blutlinie und vor allem von der Reinrassigkeit des Hundes machen. Dies ist gerade bei den importierten Ungarischen Hirtenhunden wichtig. Nur eine Ahnentafel, deren Rassereinheit durch drei Generationen nachzuweisen ist, kann in das deutsche Zuchtbuch übernommen werden. Aber noch weitere Eintragungen werden in die Ahnentafel übernommen:

- Der HD-Befund – er wird von der Auswertungsstelle der Universität Berlin dem Klub mitgeteilt und in die Ahnentafel eingetragen.
- Ankörungsdaten sowie Zuchtergebnisse werden notiert.
- Der Besitzer des Hundes trägt seinen Namen mit Kaufdatum ein.

Die Ahnentafeln von eingegangenen Hirtenhunden gehen an die Zuchtbuchstelle zurück. Wer aber die Ahnentafel zur Erinnerung behalten möchte, läßt sie von der Zuchtbuchstelle als ungültig abstempeln und erhält sie zurück.

Der Impfpaß

Dieses Dokument beinhaltet mehrere Dinge von Bedeutung: zuerst einmal enthält es alle Daten der verschiedenen verabreichten Impfungen. Die beiden wichtigsten sind: Impfung gegen Tollwut – diese ist jährlich zu wiederholen; Impfung gegen Staupe und infektiöse Leberentzündung – sie muß alle zwei Jahre wiederholt werden. Weiterhin dient der Impfpaß als Visum für einen Grenzübergang ins Ausland und auf Ausstellungen.
In vielen Ländern oder auch bei Ausstellungen im Ausland wird zusätzlich noch eine Beglaubigung des zuständigen Veterinäramtsarztes verlangt, der bescheinigen soll, daß Ihr Hund aus keinem tollwutgefährdeten Bezirk kommt. Auch diese Bescheinigung wird in den Impfpaß eingetragen.

Züchten – ja oder nein?

Wir wissen, daß die Ungarischen Hirtenhunde zahlenmäßig den meisten der bei uns bekannten Hunderassen unterlegen sind. Einer der Gründe liegt sicher in der Individualität dieser Rasse. Es werden vom »Klub für Ungarische Hirtenhunde e. V.« für die Züchtung strenge Maßstäbe angelegt, die unbedingt eingehalten werden sollten. Außerdem ist das Züchten Ungarischer Hirtenhunde nicht einfach. So ist bekannt, daß im Frühjahr 1980 die fünf in Deutschland belegten Komondorhündinnen unerklärlicherweise leer geblieben sind. Um mit einem Hund züchten zu dürfen, muß man ihn röntgen und ankören lassen. Das bedeutet, daß er von einer Körkommission für seine Eignung zur Zucht für 2 Jahre überprüft wird. Wenn man einen Welpen erworben hat, denkt man meistens gar nicht an eine Zucht. Das ergibt sich erst später, wenn man sieht, daß man einen besonders schönen Hund hat. Eine von vielen Voraussetzungen ist, daß man alle sachlichen Möglichkeiten für die Aufzucht von Hunden zur Verfügung hat.

Kuvaszhündin mit immer zum Spiel aufgelegten Welpen.

Züchten kritisch betrachtet

Besitzt man eine Hündin, die schön ist, sollte man mit ihr züchten. Die Voraussetzung für einen Zuchterfolg ist nicht nur die Schönheit der Hündin –, man sollte sich auch die Mühe machen, zu einem gleichwertigen Rüden zu fahren. Wer also die Zeit, die Lust und das nötige Geld hat, um den Nachwuchs welpengerecht aufzuziehen –, was bedeutet, sich genügend um sie zu kümmern und sie zu versorgen, so daß sie richtig heranwachsen –, der sollte züchten. Oft spielt das Zuchtmotiv eine große Rolle. Mit Tricks eine Hündin durch die Ankörprüfung zu bringen, ist verantwortungslos. Jeder Käufer, der einen Welpen erwirbt, erwartet, den gesündesten und schönsten Hund zu bekommen. Ob der Welpe schön wird, weil die Eltern es sind, kann kein Züchter garantieren. Die momentane Gesundheit sollte jedoch garantiert sein.

Es ist eine weitverbreitete Meinung, daß es für eine Hündin besser sei, wenn sie einmal geworfen hat. Sie würde dann beispielsweise nicht scheinschwanger werden. Das ist unsinnig, denn auch Hündinnen, die schon geworfen haben, können scheinschwanger werden. Durch das Werfen allein wird die Hündin nicht gesünder und altert auch nicht später. Vergleichen wir das Tier in diesem Falle einmal ausnahmsweise mit dem Menschen – kinderlose Frauen leben doch auch ganz gut.

Der Deckrüde

Die Wahl des Deckrüden sollte von mehreren Kriterien beeinflußt sein: Der angekörte Deckrüde muß dem Standard der Rasse möglichst hundertprozentig entsprechen. Das heißt: Äußerliches Erscheinungsbild groß und kräftig. Ein vollständiges Gebiß. Frei von HD. Einwandfreie Linie. Wenn wir im Bekanntenkreis niemanden kennen, der einen Rüden mit diesen Voraussetzungen hat, so haben wir Gelegenheit, uns auf vielen Landesgruppen- und internationalen Ausstellungen, die in Deutschland stattfinden, in Ruhe umzusehen. Die Ungarischen Hirtenhunde sind dort immer vertreten. Bei der Gelegenheit lernt man gleichzeitig den Besitzer des Hundes kennen und kann eventuell gleich die Modalitäten des Deckens besprechen.

Wo und wann eine Ausstellung stattfindet, erfährt man beim VDH (Verband für das Deutsche Hundewesen) in Dortmund. Weitere Informationen, zum Beispiel wo ein Deckrüde ist, der für Ihre Hündin eventuell infrage kommt, nennt Ihnen der Klub für Ungarische Hirtenhunde gern.

Die Decktaxe

Über die Decktaxe müssen sich die Besitzer der beiden Hunde im voraus einigen. Es bestehen dabei einige Unterschiede, denn für einen hoch prämiierten Rüden kann man etwas mehr verlangen als für einen nicht ausgezeichneten. Damit wird gleichzeitig die Mühe und der Aufwand für den Besuch von Ausstellungen gelohnt. Gleiches gilt für einen gefragten Deckrüden, der frei von HD ist.
Nach erfolgtem Deckakt wird die Decktaxe bezahlt. Entweder wird sie voll bezahlt oder man erklärt sich bereit, dem Rüdenbesitzer einen Welpen seiner Wahl zu überlassen. Die Differenz zwischen Decktaxe und dem Welpenpreis muß dann hinzugezahlt werden.
Der Besitzer des Rüden füllt den Deckschein aus, auf dem auch der Besitzer der Hündin die ordnungsgemäßen Angaben unterschreibt. Falls es das erste Mal ist, daß sie mit einer Hündin zum Decken fahren, geben Sie gleichzeitig auf dem Deckschein drei Zwingernamen Ihrer Wahl an. Es wird dann entschieden, welchen geschützten Zwingernamen Sie für sich in Anspruch nehmen können. Es kann sein, daß die Bezeichnung eines Zwingers bereits besteht – daher drei zur Auswahl.
Sollte die Hündin nicht aufgenommen haben, also leer geblieben sein, so steht Ihnen fairerweise noch einmal ein Deckakt während einer der nächsten Hitzen zu. Man sollte sich mit dem Rüdenbesitzer vorher verständigen, ob er diesen Abmachungen zustimmt. Sollte ein zweiter Deckakt auch ohne Erfolg bleiben, so verfällt die Decktaxe.

Geburt und Welpenaufzucht

Nach dem Deckakt dauert die Tragzeit der Hündin im Durchschnitt 63 Tage, bis die Welpen zur Welt kommen.
Die Geburt sollte in einer Wurfkiste stattfinden, die entsprechend der Größe unseres Hundes so bemessen sein muß, daß Hündin und Welpen auch ausgestreckt ausreichend Platz darin finden. Für die Ungarischen Hirtenhunde würde die Grundfläche 2 × 1 m und die Höhe 50 cm betra-

gen. Sie besteht aus festen Brettern oder Spanplatten. Die Bodenfläche ist ebenfalls aus Holz, um die Bodenkälte abzuhalten. Bedeckt ist der Boden mit abwaschbarem Material. Die Hündin säubert die erste Zeit die Wurfkiste allein, aber nach einigen Tagen wird es ihr zuviel, und man muß sie dabei unterstützen. Schon nach einigen Tagen sind die Welpen nestrein.

Das Züchten von Hunden ist mit sehr viel Arbeit und Zeitaufwand verbunden. Es gehört eine Menge Idealismus dazu –, und wer glaubt, hiermit Geld verdienen zu können, der irrt. So kleine Welpen verlangen schon eine Menge Aufwand und Selbstkosten. Man denke an die Decktaxe, Arztkosten, die Medikamente und Impfungen sowie an die Futtermengen.

Es gibt aber auch Ausnahmen unter Züchtern, die dies gewerbsmäßig betreiben –, das kommt jedoch für uns Freunde der seltenen ungarischen Hunderassen kaum in Frage.

Toben macht müde. Komondorwelpe, sechs Wochen alt.

Es ist ein stolzes Gefühl, wenn man mit seinem Hund zu Ausstellungen geht und dort Hundeverwandte wiedertrifft. Die Begrüßung unter den Hundehaltern ist dann meistens auch sehr freundlich, gibt es doch so viel über die gemeinsamen Eigenschaften unserer Freunde zu erzählen.

Hüftgelenksdysplasie (HD)

Von dieser Krankheit können alle Hunde betroffen werden. Üblich ist die Abkürzung HD, wie sie auch in diesem Text verwendet wird.
Je nach Schwere der Krankheit weist der Hund Laufbeschwerden auf, die bis zur völligen Lähmung führen können. Worauf die Beschwerden beruhen, läßt sich folgendermaßen beschreiben: Bei einem gesunden Hüftgelenk paßt der kugelförmige Oberschenkelkopf in die als Halbkugel ausgebildete Gelenkpfanne des Beckenteils. Man könnte das mit einem Kugellager vergleichen. Bei einer HD-Erkrankung paßt die Gelenkkugel nicht genau in die Gelenkpfanne – das »Kugellager« ist etwas zu weit geraten. Je größer die Differenz zum idealen Zustand, desto größer der Schweregrad der HD. Nur röntgenologisch kann der genaue Schweregrad festgestellt werden. Es gilt folgende Einteilung:

HD-0 – frei von HD,
HD-I – Verdacht auf leichte HD,
HD-II – leichte HD,
HD-III – mittlere HD,
HD-IV – schwere HD.

Bei HD-III und HD-IV besteht Zuchtverbot.
Erst seit dem Jahre 1935 stellte man mit fortschreitender Röntgentechnik diese fehlerhafte Entwicklung der Hüftgelenke fest und fand heraus, daß HD auch erblich ist.
Die Zuchtordnung schreibt vor, daß Ungarische Hirtenhunde, die eine höhere Stufe als HD-II haben, nicht zur Zucht verwendet werden dürfen. Es kann aber trotzdem passieren, daß die Nachkommen HD-freier Elterntiere von HD befallen sind.

Hat ein Hund mittlere bis schwere HD, so sollte man ihm das Leben dadurch erleichtern, daß man folgendes beachtet: Große Belastungen müssen vermieden werden, also Treppensteigen, vieles Laufen. Und vor allem muß das Springen unterbleiben. Schwere HD merkt man dem Hund an: Er versucht von sich aus, diese ihm schwerfallenden Dinge zu vermeiden, zeigt nach kurzer Belastung schon ein Ruhebedürfnis oder gibt Schmerzlaute von sich.

Frauchens Schuhe schmecken am besten.

Das Fell des Komondor und des Puli

Das auffallendste Äußere an einem ausgewachsenen Komondor und Puli ist sein Fell. Es gibt band-, schnur- und plattenförmiges Fell. Die verbreitetste Art ist die plattenförmige. Man muß davon ausgehen, daß der Komondor mit etwa sechs Jahren, der Puli mit vier Jahren seinen richtigen Behang besitzt. Der Komondor besitzt weißes Fell, der Puli zeigt sich in schwarz oder bräunlich sowie weiß.
Das Fell geht ungefähr nach zehn Tagen in eine leichte wellenförmige Form über. Mit ungefähr sechs Wochen steht dieses weiche Haarkleid nach allen Richtungen vom Hund ab und bleibt so bis zum erreichten

Der Puli ist ein lustiger, temperamentvoller Hund.

neunten Lebensmonat. Der Hund macht in dieser Zeit einen besonders kuscheligen Eindruck und erregt jetzt schon in der Öffentlichkeit Aufsehen. Mit ungefähr sechs Monaten beginnt die Verfilzung, es bilden sich die ersten Filzplatten oder Zotten. Damit ist auch der Zeitpunkt gekommen, daß man sich intensiver um das Fell kümmern muß.
Den jungen Hund muß man beizeiten daran gewöhnen, sich gefallen zu lassen, daß diese Filzplatten auseinandergezogen werden. Ist er von jung an daran gewöhnt, daß an ihm herumgezupft wird, läßt er sich dies später gerne gefallen, auch an empfindlichen Stellen.
Ist unser Hund einmal sehr stark verschmutzt, darf man ihn auf keinen Fall mit Shampoo oder Seife waschen. Die Haare werden dadurch entfettet und somit viel schneller schmutzig. Durch diese Chemikalien können auch leicht Hautkrankheiten entstehen.
Man wäscht mit klarem, lauwarmem Wasser die Stellen aus. Besonders die Pfoten und der Behang um die Schnauze herum sind schmutzanfällig. Das Geschlechtsteil und nach Durchfall auch das Hinterteil sollte man auf diese Art reinigen und mit gut aufsaugenden Handtüchern trocknen.

Die Fellpflege

Bei den Ungarischen Hirtenhunden unterscheidet man zwei Haararten: das Schlichthaar und das Zotthaar. Der Kuvasz, der Mudi, der Pumi und der Pyrenäen-Berghund besitzen ein Schlichthaar. Dieses Fell läßt sich einfach pflegen; schon ein Kamm und eine Bürste reichen aus, um dem Hund ein gepflegtes Äußeres zu geben. Anders ist es beim Zotthaar des Komondor und des Puli.
Schon bei der Geburt des Welpen kann man am Fell die Reinrassigkeit des Komondor und des Puli feststellen. Der Komondorwelpe wird mit einem gelockten weißen Fell geboren. Es ähnelt einer Persianerkrause, später wird es wellig, dann flauschig. Der junge Komondor sieht eine Zeitlang wie ein kleiner Eisbär aus. Das Pulifell ist von der Geburtsstunde an lackschwarz, verliert jedoch bei der ersten Haarung seinen Glanz. Im Alter von einem Jahr darf das Fell gar nicht mehr glänzen.
Die Entwicklung des einzelnen Haares und überhaupt des ganzen Behanges ist beim Komondor und beim Puli sehr ähnlich. Im Alter von

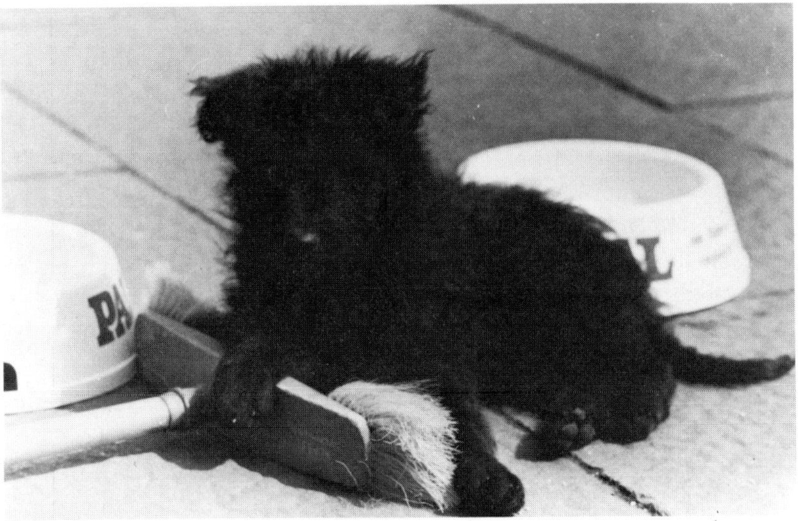

»Frauchen, hör doch endlich auf mit dem Frühjahrsputz, ich habe Hunger!« »Almos v. Königstein«, erster Pumiwelpe in Deutschland.

ungefähr sechs Monaten bilden sich die ersten Filzsträhnen, meistens an Kopf und Ohren. Die Filzbildung entsteht durch das Zusammenkleben der einzelnen Haare, verursacht durch Feuchtigkeit und Haarfett. Die abgestorbene, ausfallende Unterwolle gleitet an den an der Haarwurzel festsitzenden Haaren entlang, verschlingt sich, klebt fest und fördert somit eine Verfilzung.

Von Natur aus bilden sich drei Zotthaararten: platten-, schnur- und bandförmige Filzbildung. Wer die breiten Platten, den »Puszta-Behang«, nicht haben möchte, beginnt im frühen Alter des Hundes, diese Platten auseinanderzuzupfen. Es ist, wie gesagt, zu empfehlen, den Hund schon im jüngsten Welpenalter daran zu gewöhnen, daß man an ihm herumzupft. Dabei darf man die Haare an den Ohren und die Schwanzbehaarung nicht vergessen, denn sie müssen später auseinandergezupft werden. In wärmeren Regionen sollte man einer auseinan-

dergezupften Behaarung den Vorzug geben. Unter einer Plattenbehaarung kann sich eher einmal ein Hautekzem bilden.
Durch ständiges Durchbürsten und Kämmen kann die Verfilzung verhindert werden. Dieser offene Behang entspricht aber nicht dem gewünschten Besonderen dieser Hunderasse und wird somit auf Ausstellungen keine Wertung bringen.
Das gleiche gilt auch für einen zerschnittenen Behang. Um die Augen herum dürfen die Haare ebenfalls nicht abgeschnitten werden, die Kopfschürze dient dem Schutze der Augen. Entfernt werden müssen aber zusammengeklebte Strähnen und Verknotungen im Ohr. Was das Baden anbelangt, so ist es nicht zu empfehlen, den Hund zu oft zu baden, weil das Fell dadurch gelblich und stumpf wird und noch schneller verschmutzt.

Ausstellungen

Hundeausstellungen sind im wahrsten Sinne des Wortes ein großes Spektakel und bedürfen eines enormen Verständnisses von Mensch und Hund. Wenn Sie bedenken, daß Sie bis zu acht Stunden in einer riesigen, unpersönlichen Halle zubringen, umgeben von manchmal über 1000 Hunden und den dazu gehörenden Hundehaltern, so ist das für alle Teilnehmer bestimmt keine Erholung.
Die Teilnahme an Ausstellungen ist natürlich freier Wille, und meistens ergibt sich der erste Besuch einer Ausstellung zufällig – entweder weil sie in der Nähe stattfindet oder weil man durch andere Hundefreunde dazu animiert wird.
Der VDH veranstaltet im Jahr mehrere Zuchtschauen, aufgeteilt in Internationale Zuchtschauen und Allgemeine Zuchtschauen. Spezialzuchtschauen veranstalten die dem VDH angeschlossenen Einzelverbände, wie der Klub für Ungarische Hirtenhunde e.V. Auf diesen Zuchtschauen werden die Hunde in mehrere Gruppen unterteilt. Erste Gruppe sind

Rüden und Hündinnen. Sie werden wiederum so aufgeteilt:

- Jüngstenklasse – 6 bis 9 Monate alt,
- Jugendklasse – 9 bis 15 Monate alt,
- Offene Klasse – ab 15 Monate,
- Siegerklasse,
- Ehrenklasse,
- außer Konkurrenz.

Ein vollständiges Impfzeugnis und eine vom VDH ausgestellte Ahnentafel sind Bedingung für die Teilnahme an einer Ausstellung, ebenso ein pünktliches Erscheinen, denn das Richten beginnt zur angesetzten

Ausstellung in Budapest. Hier zeigt sich die Schönheit, aber auch die Erziehung.

Zeit, Verspätungen ziehen Ausschluß nach sich. Man verpflichtet sich beim Unterschreiben der Teilnahmebedingungen ebenfalls, bis zum Schluß der Ausstellung dort zu bleiben; man denke an die vielen Eintritt zahlenden Besucher, die nicht durch halbleere Hallen gehen möchten.

Die Wertung unserer ungarischen Hunderassen geht folgendermaßen vor sich:

Es wird der aufgerufene Hund zum Ring geführt, wobei deutlich erkennbar die Katalognummer unseres Hundes getragen wird. Die Hunde einer Klasse nehmen Aufstellung im Ring und werden nun einzeln vom Richter bewertet, der meistens von einem Assistenten oder einem Richteranwärter unterstützt wird. Bewertet wird der spezielle Standard der Rasse, wobei die Bewertungsreihenfolge unerheblich ist. Wird der Hund nicht gerade vorgeführt, so hat er sich in der zugewiesenen Box aufzuhalten oder wird nur zum Lösen an einen dafür vorgesehenen Platz geführt.

Es empfiehlt sich, den Hund am Tag der Ausstellung nicht mehr zu füttern, sondern nur noch mit frischem Wasser zu versorgen; so be-

kommt ihm das vielleicht ungewohnte Autofahren auch besser, und er ist beim Vorführen im Ring außerdem lebhafter.
Die Skala der Bewertungen reicht von der Anwartschaft auf den Internationalen Champion bis zum »Gut«. Die Anwartschaft für den höchsten Titel heißt »Certificat d'aptitude au Championat International de Beauté« – abgekürzt CACIB. Dieser Titel muß viermal in drei verschiedenen Ländern unter drei verschiedenen Richtern errungen werden, dabei einmal im Land des Wohnsitzes oder im Ursprungsland der Rasse. Zwischen erster und letzter Auszeichnung muß ein Jahr liegen. Dann kann beim Dachverband, der »Fédération Cynologique Internationale« – abgekürzt FCI – der Titel beantragt werden.

 Komondorhündin, süß und klug, fünf Wochen alt.

Ernährung

Artgerechte Ernährung

Den fleischfressenden Ahnen unseres Hundes wird es nicht jeden Tag gelungen sein, ein Beutetier zu erjagen. Bisweilen mußten sie mit Aas vorlieb nehmen, wenn ihnen die Natur nicht gar einen Fastentag aufzwang. Fleisch war allerdings nicht ihre einzige Nahrung. Mit den Innereien ihrer meist pflanzenfressenden Opfer verzehrten sie mit Vorliebe auch Magen- und Darminhalt, also vorverdaute Pflanzenkost. Aus den Untersuchungen des Mageninhaltes von Wölfen und Füchsen wis-

Einer hält immer wachsam die Augen auf.

sen wir, daß darüber hinaus praktisch alles auf dem Speisezettel stand, was die Natur bot: Früchte, Samen und Gräser, Frösche und Schlangen, selbst Insekten wurden verzehrt. Nur durch diese vielseitige Ernährung konnte der Hunger gestillt und der Vitamin- und Mineralstoffbedarf gedeckt werden.
Der Hundehalter muß die Grundregel beachten, die sich aus diesen Freßgewohnheiten ableiten läßt:
Rohes Fleisch ist die Ernährungsgrundlage, aufgeschlossene Pflanzennahrung sowie Vitamine und Mineralstoffe müssen den Speiseplan ergänzen.
Das Tierschutzgesetz verpflichtet jeden Tierhalter, seinem Tier *angemessene artgemäße Nahrung* zu gewähren. Der Hund darf also nicht als Resteverwerter mißbraucht oder in falsch verstandener Tierliebe mit Süßigkeiten gemästet werden. Der Weg zur Tierquälerei wäre nicht weit: Falsche Ernährung kann Fettsucht, innere Erkrankungen oder Hautkrankheiten verursachen. Ein vernünftiger Hundehalter wird sich deshalb stets bemühen, seinem Hund ausschließlich die ihm bekömmliche Nahrung anzubieten.

Die Wissenschaft

verdeutlicht die Grundregeln für eine artgemäße Ernährung des Hundes. *Bausteine:* Die Nahrung ist aus verschiedenartigen chemischen Bausteinen zusammengesetzt. Fleisch enthält neben Geschmacksstoffen, Salzen und Vitaminen vor allem *Eiweiß,* welches der Hund zum Aufbau eigener Körpersubstanzen unbedingt benötigt. *Fette* dienen als Energielieferanten; zur Erhaltung der Gesundheit müssen ungesättigte Fettsäuren aufgenommen werden. Pflanzliche Nahrungsmittel enthalten neben der für Hunde unverdaulichen Zellulose pflanzliches Eiweiß, Vitamine und Mineralstoffe; wichtigster Bestandteil sind *Kohlehydrate* (Stärke, Zucker), die ebenfalls als Brennstoffe dienen. *Vitamine* sind bekanntlich Stoffe, die im Körper selbst nicht gebildet werden können, aber zur Aufrechterhaltung normaler Körperfunktionen wie Infektionsabwehr, Nervenfunktionen, Blutgerinnung oder für Stoffwechselprozesse unerläßlich sind.
Mineralstoffe und *Spurenelemente* schließlich sind nicht nur zum Kno-

Es ist kein Platz mehr frei. Pyrenäen-Berghundwelpen, sechs Wochen alt.

chenaufbau erforderlich, sondern sind maßgeblich an vielen Stoffwechselvorgängen beteiligt. Alle diese Nahrungsbestandteile sind für Wachstum und Gesundheit des Hundes unentbehrlich.

Erhaltung und Leistung: Der Körper befindet sich in einem dauernden Umbau. Altes geht zugrunde und wird durch Neues ersetzt. Zur Erhaltung der Körpersubstanz sind daher Nährstoffe erforderlich. Der wachsende Hund braucht, bezogen auf sein Körpergewicht, mehr Nahrung als der erwachsene.

Unser Ungarischer Hirtenhund liegt nicht nur hinter dem Ofen. Er spielt, springt, läuft, bellt, hechelt bei Hitze und produziert Wärme, wenn es kalt ist. Diese besonderen Leistungen erfordern eine »Leistungszulage«. Sie besteht vor allem aus Kohlehydraten und Fetten, welche die nötige Energie liefern. Als »Fleischfresser« kann der Hund zwar aus Eiweiß Energie gewinnen, die Ausbeute ist jedoch gering (und teuer).

Kalorien: Der Nahrungsbedarf wird als Energiebedarf in Kalorien gemessen. Diese Zahl sagt dem Praktiker wenig. Er kann Leistungs- und Erhaltungsbedarf nicht voneinander trennen. Zur Illustration sei angemerkt, daß Dauerarbeit bis zum Vierfachen des Erhaltungswertes erfordern kann. Der Junghund braucht – bezogen auf sein Körpergewicht – zusätzlich zunächst das Doppelte, ab sechstem Monat das 1,5fache an Energie. Sehr kalorienreich sind Fette. Relativ leicht verwertbar ist die Energie aus Kohlehydraten. Nährmittel sind viel gehaltvoller als Rohkost.

Eiweiß: Jedes Futter muß einen Mindestanteil an Eiweiß enthalten. Dieser Anteil ist niedriger als die Bezeichnung »Fleischfresser« es vermuten läßt.

Das Futter des erwachsenen Hundes muß je nach Qualität 40 bis 50% Fleisch enthalten. Hinzu kommen andere tierische Erzeugnisse und pflanzliches Eiweiß. Während des *Wachstums* muß das Futter mindestens zur Hälfte bis zu zwei Dritteln aus Fleisch und anderen Eiweißstoffen bestehen, während der *Trächtigkeit* sogar zu drei Vierteln. Bei besonderen körperlichen Leistungen kann die Fleischration unverändert bleiben; zugelegt werden kohlehydrat- und fetthaltige Futtermittel.

Die Praxis

In der Praxis steht der Hundehalter vor den Fragen: Was, wie, wie oft und wie viel?

Die Futtermittel: Innereien wie Herz, Leberabschnitte, Milz, Nieren, Rinderpansen und -blättermagen sowie sogenanntes Maulfleisch, sonstige Fleischabschnitte und, mit gewissen Einschränkungen, Euter sind ein fast vollwertiger Ersatz für das zu teure Muskelfleisch. Weniger geeignet sind Lunge und Gebärmutter. Besonders wertvoll ist *»grüner Pansen«* (roher, ungereinigter Rindervormagen): Die anhaftenden Futterreste sind bereits teilweise aufgeschlossen und enthalten Vitamine, die aus dem Pflanzenfutter stammen oder im Pansen durch Bakterien gebildet werden. »Grüner Pansen« sollte daher nach Möglichkeit dem gereinigten und gebrühten »weißen Pansen« vorgezogen werden; Pansen enthält allerdings nicht alle lebenswichtigen Eiweißbausteine. Deshalb müssen auch andere Eiweiß-Futtermittel auf dem Speisezettel stehen. *Rohe Leber* und *rohe Milz* haben eine abführende Wirkung. Sie müssen daher gekocht werden. In kleineren Mengen können sie bei Verstopfung als natürliches Abführmittel eingesetzt werden. *Geflügel*-innereien und -teile (ohne Röhrenknochen!) sollten gekocht werden, weil sie gelegentlich Durchfallerreger aus der Gruppe der Salmonellen enthalten. Auch grätenfreies Fischfleisch ist geeignet, solange der Hund eine gesunde Leber hat. Selbstverständlich darf es nicht verdorben sein, um »Fischvergiftungen« zu vermeiden. *Milch* enthält eine für das Wachstum besonders geeignete Nährstoffzusammensetzung. Bis zum ersten Lebensjahr kann der Junghund täglich eine mit Milch hergestellte Mahlzeit erhalten. Dann wird die Milch immer stärker verdünnt. Über ein Jahr alte Hunde erhalten keine Milch mehr, weil das Milchfett und der für Hunde unverdauliche Milchzucker den Darminhalt zu weich halten. Dadurch können Verdauungsstörungen und Hauterkrankungen auftreten. *Magerquark* enthält wertvolles Eiweiß und kann daher den

 Mich kann nichts berühren.

Speisezettel sinnvoll ergänzen, wenn dem Hund der Geschmack zusagt. Auch *Eier* dienen einer ausgewogenen Eiweißversorgung. Rohes Vollei führt allerdings gelegentlich zu Durchfällen. Eigelb allein wird auch roh gut vertragen. Stets bekömmlich sind Rührei und gekochte Eier. Käse ist entbehrlich, aber nicht schädlich. Käserinden, Wurstpellen, Geräuchertes und Gewürztes gehören nie in den Hundenapf.

Als *Kohlehydratträger* bieten sich Haferflocken, Gerste, Mais und Reis an. Diese pflanzlichen Produkte müssen allerdings gekocht werden. Einfacher ist die Verfütterung von »Hundeflocken«, die aus einem Gemisch getoasteter und dadurch verdaulich gemachter Getreideerzeugnisse mit speziellen Beimengungen bestehen und erfahrungsgemäß allen Hunden gut bekommen. Ein Teil der pflanzlichen Nahrung soll stets aus Gemüse bestehen. Die *Vitamin*versorgung kann natürlich nicht ausschließlich aus dem grünen Pansen gedeckt werden. Gehackte Kräuter wie Petersilie oder Kresse, geriebene Äpfel und Mohrrüben, Gemüsesäfte und Bananen sowie Lebertran, Weizenkeimöl und Bierhefe können das Vitaminangebot vervollständigen. Eine sichere und individuelle Dosierung gestatten Vitaminpräparate, die der Tierarzt verordnet.

Für den Junghund ist eine ausreichende Vitamin-D-Versorgung zur Verhütung der Knochenweiche (Rachitis) besonders wichtig. Man hüte sich aber vor Überdosierungen. Auf alle Fälle sollte ein *Mineralstoff*präparat zugefüttert werden. Anstelle der für Vorbeuge und Behandlung des Menschen hergestellten Mittel können die billigeren *»Futterkalk«*-Präparate gewählt werden, die im allgemeinen auch die nötigen *Spurenelemente* enthalten.

Auch *Knochen* enthalten Mineralstoffe. Ihr Wert sollte jedoch nicht überschätzt werden. Sie sind schwer verdaulich und können wegen ihrer stopfenden Wirkung nur in begrenzten Mengen gegeben werden. Dagegen kann ihre Bedeutung für Gebißpflege und -reinigung nicht hoch genug eingeschätzt werden. Knochen, in erster Linie weiche Kalbsknochen, sollten daher vor allem dem jüngeren Hund regelmäßig angeboten werden. Harte Röhrenknochen, insbesondere vom Geflügel, können durch Knochensplitter Darmverletzungen verursachen, während Kotelettknochen sich in der Speiseröhre festsetzen können und daher gemieden werden müssen.

Der Speiseplan

Der Hundehalter hat die Wahl, ob er das Futter selbst zubereitet oder auf Fertigfutter zurückgreift. Mangelschäden braucht er in keinem Fall zu befürchten. Versuche haben gezeigt, daß der Hund ohne weiteres dauernd mit dem gleichen Futter ernährt werden kann, wenn dies optimal zusammengesetzt ist. Er braucht also keine Geschmacksabwechslung.

Eigenrezepte

Bei der Zusammenstellung des Futters »nach Art des Hauses« kann der Anteil eiweißhaltiger Produkte gegenüber den genannten Anteilen erhöht werden. Dies führt möglicherweise zwar zu einem gewissen Luxuskonsum, gibt aber die beruhigende Sicherheit einer ausreichenden Eiweißversorgung. Die Ernährung der *Welpen* bleibt dem Züchter

 Sehen wir nicht aus wie kleine Stofftiere? »Kyra und Konschita v. Merlau«.

überlassen. Er verfügt allgmein über bewährte Rezepte und wird dem Käufer Ratschläge für die ersten Tage mit auf den Weg geben. Nach dem Kauf sollte der *Junghund* stets einige Tage in der gewohnten Art weiter gefüttert werden. Die Umstellung fällt ohnehin schwer und kann regelrecht auf den Magen schlagen. Nach der Eingewöhnung aber kann er bald die Nahrung erhalten, die unter den häuslichen Verhältnissen am zweckmäßigsten ist. Dabei sind plötzliche, radikale Veränderungen zu vermeiden und die unterschiedlichen Hundegeschmäcker zu berücksichtigen.

Futterfleisch gibt es heute nicht nur in Futterhandlungen, sondern auch in Zoogeschäften, in den Tiefkühltruhen vieler Supermärkte und in fast allen Fleischereien. Ein hygienebewußter Fleischer wird grünen Pansen abpacken und einfrieren. Der Wert wird dadurch nicht eingeschränkt. Zur Aufbewahrung von Futterfleisch hat sich die Gefriertruhe bewährt; das geschnittene Fleisch wird portionsweise verpackt und in einem zusätzlich verschließbaren Plastikbeutel eingefroren. Wer keine Tiefkühltruhe besitzt, kann den nicht frisch oder roh verfütterten Teil des Fleisches durch Kochen und anschließende Kühllagerung für zwei bis drei Tage haltbar machen. Auf grünen Pansen muß dabei wegen der Wohlgerüche, die sich bei der Erhitzung verbreiten würden, verzichtet werden; die wertvollen Inhaltsstoffe würden durch das Kochen ohnehin geschädigt.

Da der Hund sein Fressen nicht kaut, sondern schlingt, wird das Fleisch in maulgerechte Happen geschnitten und vor dem Füttern durch kurzes Überbrühen erwärmt, wobei es innen roh bleibt. Grüner Pansen sollte stets frisch verfüttert werden. Man sollte seinem Hund wenigstens ab und zu das Vergnügen gönnen, ein größeres Stück nach Urväterart zu zerzausen. Diese natürliche Freßweise ist eine ausgezeichnete Gymnastik für Muskeln und Gebiß.

Als pflanzliches Futter sind *Futterflocken* besonders zu empfehlen, weil sie sehr vielseitig zusammengesetzt sind und ohne Kochen verdaut werden können. Mit dem angebrühten Fleisch und etwas Wasser vermischt, ergeben sie auf einfache Weise eine bekömmliche und gut zusammengesetzte Mahlzeit. Das Futter wird dickbreiig, nie suppig, zubereitet. Es darf nie eiskalt gereicht werden. *Gemüse* sollte mit einer Gabel zerdrückt, *Rohkost* muß fein zerkleinert werden. Hülsenfrüchte

In Deutschland kaum zu sehen: der Pumi. Internationaler Champion »Mocskos Ancsa«.

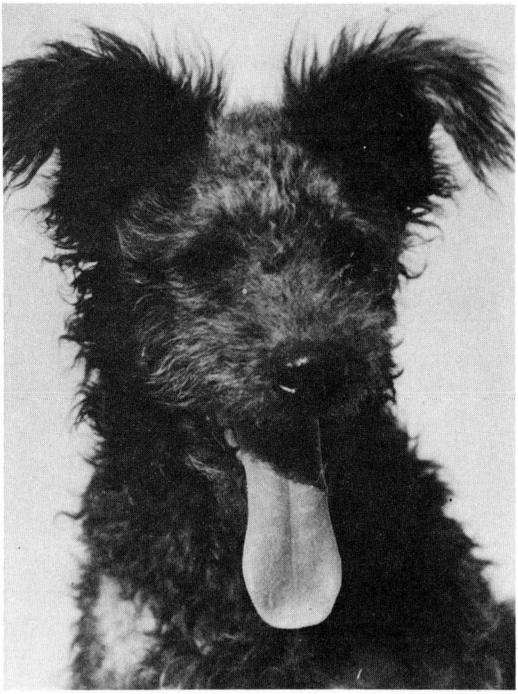

und Kohl müssen wir allerdings selbst »verwerten«; sie sind für Hunde schwer verdaulich und verursachen Blähungen. Es schadet nichts, wenn Essensreste leicht gesalzen sind. Der Hund braucht Kochsalz für eine einwandfreie Nierentätigkeit. *Brot,* insbesondere gut durchgebackenes Roggenbrot, eignet sich vorzüglich als Ergänzungsfutter. Es soll aber nicht eingeweicht werden. Der Futterplan wird durch Hundekuchen sowie die erforderlichen Vitamin- und Mineralstoffgaben vervollständigt. Auf diese Weise ergibt sich bald ein eigenes, auf Haus, Hund und Geldbeutel abgestelltes Spezialrezept, bei dem sich's für den Hund gut leben läßt.

Fertigfutter

Die Eigenproduktion wird in dem Maße, wie die häuslichen Verhältnisse es erfordern und der Gaumen des Hundes es zuläßt, mit Fertigfutter ergänzt. Dieses Futter ist für lange Wochenenden, als Notvorrat und auf Reisen besonders gut geeignet. Der Hund sollte daher in jedem Fall daran gewöhnt werden. Die gegen Fertigfutter bestehenden Vorurteile sind überholt. Durch moderne Konservierungsverfahren werden die Vitamine weniger geschädigt als durch haushaltsübliches Kochen. Fertigfutter entspricht in Eiweißanteil und Zusammensetzung den wissenschaftlichen Erkenntnissen. Auf den Packungen ist die Zusammensetzung angegeben, so daß dem Käufer Vergleichsmöglichkeiten gegeben sind. Nur sehr schwer wird man bei eigenen Futterzubereitungen die Ausgewogenheit des Fertigfutters erreichen. Nur ein Argument kann dagegen vorgebracht werden: Artgemäß frißt der Hund Rohes, nicht Gekochtes.

Dosenfutter wird entweder nur aus tierischen Erzeugnissen oder aber unter Zusatz von stärkehaltigen Nährmitteln hergestellt. Reine »Fleisch«-Konserven sollen durch Zugabe von Flocken, Reis oder Gemüse ergänzt werden. Die Mischerzeugnisse (»Vollnahrung«) haben bereits eine ausgewogene Nährstoffzusammensetzung. Sie enthalten ein Drittel und mehr Eiweiß. Geschwächte, kranke Hunde sollten nicht plötzlich auf Dosenfutter umgestellt werden. Sie reagieren bisweilen mit Durchfall.

Paketfutter besteht entweder aus einem erhitzten, geformten Fleisch-Nährmittel-Gemisch oder aus einer Mischung von Trockenfleisch mit pflanzlichen Erzeugnissen. Auch diese Futtermittel enthalten ein ausgewogenes Eiweiß-Kohlehydrat-Fett-Verhältnis mit 25 bis 40% Fleisch. Zu den keks- oder ringförmigen Produkten muß in einem Extranapf Wasser zur beliebigen Aufnahme angeboten werden. Die Fertigfuttermischungen werden mit warmem Wasser, mit ungesalzener Fleischbrühe oder bei Junghunden mit Milch zu einem Futterbrei angerührt. Sie werden allgemein gern gefressen und sind gut bekömmlich.

Hundekuchen werden aus pflanzlichen und tierischen »Mehlen« in verschiedenen Größen und Härtegraden hergestellt. Sie sollten in keinem Futterplan fehlen. Zur Pflege der Zähne leisten sie gute Dienste. Bei Junghunden hat es sich bewährt, zur Förderung der nächtlichen Stubenreinheit abends Hundekuchen zu füttern.

Die Futterzeiten

dienen nicht nur der Erziehung, sondern auch der Gesundheit. Der Junghund hat einen regen Stoffwechsel. Es wäre ihm unmöglich, die Tagesfuttermenge auf einmal aufzunehmen. Die Futterlast würde darüber hinaus Bänder und Gelenke überdehnen. Bis zum Alter von sechs Monaten, also bis zum Abschluß des Zahnwechsels, erhält er daher mindestens drei Mahlzeiten, und zwar morgens, mittags und nachmittags. Dann fällt die letzte Mahlzeit weg: Bis zum Abschluß des Größenwachstums wird der Hund zweimal täglich gefüttert. Der *erwachsene* Hund soll *nur eine Mahlzeit* täglich erhalten. Als »Tischzeit« hat sich zum Zwecke einer geregelten Verdauung der späte Nachmittag bewährt. »Nebenbei« wird in keinem Alter und zu keiner Zeit genascht!

Die Ration

Der Hundehalter hat keine Diättabelle mit Kalorienangaben der einzelnen Futtermittel. Die ernährungsbestimmenden Faktoren können im einzelnen nicht voll erfaßt werden: Neben körperlichen Leistungen, Wachstum, Alter, Größe und Gewicht spielt die individuelle Veranlagung eine wesentliche Rolle. Bei Nutztieren hat man zur Mast besonders geeignete Rassen herausgezüchtet. Beim Menschen gibt es starke Esser, die schlank bleiben und (seltener) Dicke, die wenig essen. Dies hängt unter anderem mit der Funktion der Schilddrüse und der Verdauungsorgane zusammen. Ebenso gibt es unter den Hunden gute und schlechte Futterverwerter. Auch Umwelt- und Haltungsbedingungen beeinflussen den Nährstoffbedarf: So ist bei Zwingerhaltung im Winter ein erhöhter Energiebedarf zur Erhaltung der Körperwärme erforderlich. Jede Mengenangabe ist also mit Vorsicht zu genießen, so auch die folgenden Anhaltswerte für normal veranlagte Hunde bei durchschnittlicher Beanspruchung:

Große ungarische Rassen Komondor-Pyrenäen-Berghund ab 10 kg	
Fleisch 1000 g	Trockenfutter 500 g
zusätzlich Wasser, Dosenfutter entfällt	

Besser als die Briefwaage ist allemal das Fingerspitzengefühl bei der Zuteilung der Ration. Bei einem mageren Hund kann man unbedenklich etwas Futter zulegen; zeigt sich dagegen Rippenspeck, muß Futter abgezogen werden. Die Rippen dürfen optisch nicht hervortreten, müssen aber mit der flach aufgelegten Hand deutlich fühlbar sein. Welpen erscheinen leicht dicker als sie tatsächlich sind. Sie sollen etwas Babyspeck haben, um Kinderkrankheiten besser überstehen zu können. Bei regelmäßiger Fütterung fressen sie sich satt, ohne zu viel zu fressen. Bei Junghunden großer Rassen sind Knochen und Gelenke durch Übergewicht besonders gefährdet.

In jedem Alter erhält der Hund nur das, was er zu der betreffenden Mahlzeit frißt. Auch bei Hunden werden Fresser nicht geboren, sondern erzogen. Den gefüllten Napf läßt man höchstens eine halbe Stunde stehen. Futterreste gehören mit Ausnahme nicht verunreinigten Trokkenfutters in den Mülleimer.

Wenn der erwachsene Ungarische Hirtenhund unter Übergewicht leidet, hilft nur die bewährte Regel »Friß die Hälfte«. Bewegung tut zwar not, hilft allein aber nicht genug. Die Kalorienzufuhr muß insgesamt um etwa 40% reduziert werden. Zu diesem Zweck wird wöchentlich ein Fastentag eingelegt. An den übrigen Tagen soll unser Hund sich satt fühlen. Das Futter darf aber nicht zu gehaltvoll sein. Es enthält kein sichtbares Fett, höchstens ein Drittel der üblichen Menge Flocken und dazu Karottenrohkost. Ein über 50 kg schwerer Ungarischer Hirtenhund erhält 1000 g »Fleisch«, 1/4 Lunge, 1/4 Pansen, Rest andere Inne-

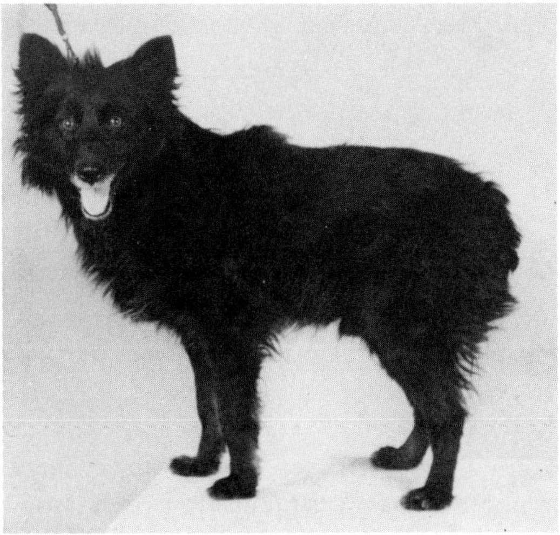

Ein seltener kleiner Kerl: der Mudi.

reien, Ei, Quark, etwa 150 g Flocken und 250 g Rohkost, dazu ein Teelöffel Mineralstoffmischung und Vitamintropfen.
Das *Trinken* gehört beim Menschen bekanntlich zum Essen. Anders beim Hund: Bei normal feuchter Nahrung trinkt er kaum. Nur bei besonderer Wärme, nach Anstrengungen, zum Trockenfutter und bei altersbedingtem Nachlassen der Nierenfunktion muß er zusätzlich Wasser aufnehmen. Auf jeden Fall trinkt er nur so viel wie er braucht. Er entwickelt sich nicht zum Gewohnheitstrinker. In einem sauberen Extranapf soll daher ständig frisches verschlagenes (nie eiskaltes) Wasser zur beliebigen Aufnahme angeboten werden, damit der Hund die tatsächlich benötigte Flüssigkeitsmenge aufnehmen kann.

Gesundheit

Vorbeugen ist besser als Heilen

Die *Ohren* sollten zur Verhütung von Entzündungen (Ohrenzwang) wöchentlich gereinigt werden. Bei einer Reinigung mit Öl und Wattestäbchen kann das Trommelfell kaum verletzt werden, weil der Gehörgang vorher einen Knick nach innen macht; aber hinter diesem Knick wird eher das Ohrenschmalz zusammengestopft, als daß es nach außen befördert würde. Deshalb ist es besser, den äußeren Gehörgang mit einem Ohr-Reinigungsmittel auszuwaschen, das die Ohrschmalzreste löst. Das Mittel wird randvoll eingefüllt. Mit der linken Hand wird die Ohrmuschel zugedrückt, die rechte massiert von außen den Gehörgang. Schmutz und Schmalz werden dann durch kräftiges Schütteln vom Hund selbst nach draußen befördert. Es empfiehlt sich daher, zur Ohrreinigung ins Freie zu gehen.
Dunkle Färbung und übel-muffiger Geruch des zutage kommenden Ohrenschmalzes deuten auf eine Entzündung hin, die der Hund durch Kopfschütteln und Kratzen selbst anzeigt. Verbreitet sind Entzündungen durch Ohrmilben, die in den Gehörgängen schmarotzen und dabei die Haut reizen und verletzen. Grasgrannen können sich im Gehörgang einklemmen. Bei alten Hunden können Warzen auftreten. Bakterien und Pilze komplizieren die Entzündung. In diesen Fällen muß der Tierarzt die Behandlung übernehmen.

In den *Augen* bildet sich besonders nach dem Schlaf ein Schleimpfropf. Er wird mit einem Stückchen Mullbinde oder einem Leinenläppchen entfernt. Fusseln von Watte oder Papiertaschentüchern würden die Schleimhäute reizen. Bindehautentzündungen können auch durch Zugluft, Staub oder UV-Strahlen verursacht werden. Zur Linderung sollten frühzeitig Augentropfen in die heruntergezogenen Bindehautsäcke eingebracht werden. Borwasser kann Reizungen verursachen und wird daher heute nicht mehr angewendet. Eitrige oder länger dauernde Entzündungen sind ein Fall für den Tierarzt. Bei gleichzeitig gestörtem Allgemeinbefinden (Appetitlosigkeit, Fieber) kann eine Infektion wie die Staupe vorliegen. Häufig bilden sich auf der Rückseite des dritten Augenlides, der Nickhaut, himbeerartige, entzündliche Wucherungen, die meistens operativ entfernt werden müssen.

Zur Pflege der *Zähne* genügen im allgemeinen Hundekuchen und Knochen. Sie machen Reinigungspulver oder Zähneputzen überflüssig. Bei Zahnsteinbildung können die Zähne ein- bis zweimal wöchentlich mit einem Wattebausch abgerieben werden, der mit 3%iger Wasserstoffsuperoxyd-Lösung getränkt wird. *Zahnstein* ist ein meist fest anhaftender Belag aus Salzen und Speiseresten, der besonders beim älteren Hund Entzündungen mit fauligem Mundgeruch verursacht und zu Vereiterungen der Zahnwurzeln und zu Zahnausfall führen kann. Solche Eiterherde können den ganzen Körper vergiften. Zahnstein sollte daher rechtzeitig entfernt werden. Lose Zähne müssen gezogen werden. Da der Hund keine Beute jagen, festhalten oder zerreißen muß, kann er auf schmerzende Zähne gut verzichten. Er wird sich nach der Entfernung der Eiterherde bald wohler fühlen. *Milch-Hakenzähne,* die beim Zahnwechsel nicht ausfallen, müssen gezogen werden, da sie zu Stellungsfehlern im bleibenden Gebiß führen können.

Rutschen auf dem Hinterteil ist meistens nicht auf Würmer, sondern auf Erkrankungen der *Analbeutel* zurückzuführen. Diese »Duftdrüsen« dienen eigentlich zur Revierkennzeichnung. Infolge der Domestikation funktioniert die Entleerung häufig nicht mehr richtig. Sekretstauungen und Entzündungen mit starkem Juckreiz sind die Folge. Diesen Juckreiz versucht der Hund erfolglos durch »Schlittenfahren« und Knabbern an Hinterläufen und Kruppe zu beheben. Die Analbeutel müssen durch Menschenhand entleert werden: Bei senkrecht hochgehaltener Rute wird beiderseits des hervortretenden Afters Druck auf den Enddarm zu ausgeübt; zum Auffangen des austretenden, stinkenden Sekrets muß dabei Watte oder Papier vor den After gehalten werden. Bei tiefliegenden oder stark entzündeten Drüsen ist eine tierärztliche Lokalbehandlung erforderlich.

Normaler Auslauf macht ein Schneiden der *Krallen* überflüssig. Nur bei weichem Boden, bei krankhaftem Hornwachstum und bei Stellungsfehlern ist ein Kürzen erforderlich. Das sollte erfahrenen Personen überlassen bleiben, weil das in der Kralle verlaufende Blutgefäß nach Möglichkeit nicht angeschnitten werden soll. Im Winter müssen *Streusalzreste* nach dem Spaziergang von den Pfoten abgewaschen werden. Sie verursachen schmerzhafte Entzündungen. Die Ballen und Zehen werden mit Puder eingestäubt, ausgetrocknete rissige Ballen mit einer Fettsalbe eingerieben.

Ungebetene Gäste im Fell

sind *Hundeflöhe, Läuse* und *Haarlinge*. Bei Juckreiz müssen als erstes Fell und Haut auf Parasitenkot (schwarze Pünktchen an den Haaren) und Flohstiche abgesucht werden. Lieblingssitze von Flöhen und Läusen sind die Innenflächen der Hinterschenkel, die »Achselhöhlen« und die Ohrmuscheln. Zur Abtötung der »Ektoparasiten« können Puder, Sprays oder Waschlösungen (am wirksamsten) angewandt werden. Die Gebrauchsanweisungen sind genau zu beachten, da das Ablecken der Mittel zu Vergiftungen führen kann. Für etwa drei Monate kann der Hund auch durch »Anti-Floh-Halsbänder« gegen Parasiten geschützt werden. Diese Halsbänder geben aufgrund der Körperwärme einen Wirkstoff ab. In engen Räumen (Hundehütte) kann eine auch für den Hund bedenkliche Konzentration des Giftes auftreten. Im Wald und auf der Heide lassen sich *Zecken* aus dem Unterholz auf den Hund fallen. Sie beißen sich in der Haut fest und saugen erhebliche Blutmengen. Schließlich sehen sie aus wie ein prallgefülltes, bis zu kirschkerngroßes, braunes Säckchen. Diese »Holzböcke« dürfen nicht einfach abgerissen werden, weil dann die Beißwerkzeuge in der Haut stecken bleiben und Entzündungen verursachen. Man betäubt sie mit Alkohol oder hüllt sie etwa zehn Minuten in Öl ein. Dann werden sie mit vorsichtig drehendem Zug aus der Haut entfernt. Einfach und wirkungsvoll werden Zekken und andere Ektoparasiten durch einen desinfizierenden Spray abgetötet, der pflanzliche insektizide Substanzen enthält, die schnell zerfallen und für Säugetiere unbedenklich sind.

Unerwünschte Kostgänger

Fast alle Welpen werden schon im Mutterleib mit *Spulwürmern* infiziert. Sie sollten daher bei Abgabe durch den Züchter bereits Wurmkuren hinter sich haben. Spulwürmer können bei Junghunden zu Verdauungs- und Entwicklungsstörungen und zu Vergiftungen führen. Vertrauen Sie dabei den wirksamen, verschreibungspflichtigen Mitteln; rohe Möhren alleine können keine Wurmfreiheit garantieren. Ältere Hunde beherbergen im allgemeinen nur noch vereinzelte oder gar keine Spulwürmer, da sie Abwehrstoffe gebildet haben.

Für chronische Verdauungsbeschwerden wie regelmäßig wiederkehrender oder unstillbarer Durchfall können andere Darmschmarotzer – Kokzidien (einzellige Schleimhautparasiten), Hakenwürmer oder Peitschenwürmer – verantwortlich sein. Eine Kotuntersuchung kann näheren Aufschluß geben; die Behandlung muß nach tierärztlicher Verordnung erfolgen.

Kürbiskernförmige, anfangs noch bewegliche Gebilde im Stuhl sind Glieder des *Hundebandwurmes.* Bandwürmer brauchen für ihre Entwicklung einen Zwischenwirt. Für den Hundebandwurm ist dies der Hundefloh, der die Bandwurmeier aufnimmt. Im Floh entwickelt sich die Finne, die beim »Flohknacken« vom Hund aufgenommen wird und zum fertigen Bandwurm auswächst. Im Zuge der tierärztlich verordneten Bandwurmkur müssen Hund und Lager daher auch gegen Ektoparasiten behandelt werden. Besonders bei Jagdhunden kann außerdem der gesägte Bandwurm auftreten, dessen Zwischenwirte Hasen und Kaninchen sind. Andere Bandwurmarten, die durch Fisch, Rinder- und Schafeingeweide oder Mäuse und Ratten übertragen werden, kommen seltener vor.

Der Impfplan

Infektionserreger bedrohen Gesundheit und Leben des Hundes. *Staupe* und *ansteckende Leberentzündung* sind Viruserkrankungen, die zwar für Junghunde besonders gefährlich sind, aber auch ältere Hunde befallen. Die früher übliche einmalige Impfung der Junghunde ist heute nicht mehr ausreichend. Da die Krankheiten seltener geworden sind, fehlt der häufige Kontakt mit den Erregern und damit die natürliche Auffrischung des Impfschutzes. Der Käufer eines Hundes muß im Impfpaß prüfen, ob der Hund nicht etwa nur einen »passiven« Serumschutz für zwei bis drei Wochen erhalten hat. In diesem Fall müßte

Gute Freundschaft zwischen Komondor und Puli.

zweimal »aktiv« nachgeimpft werden. Wiederholungsimpfungen sind in zweijährigem Abstand erforderlich, wenn unser Hund einen dauerhaften und sicheren Schutz behalten soll.
Die *Stuttgarter Hundeseuche* ist eine durch Bakterien (Leptospiren) hervorgerufene und von Hund zu Hund übertragbare Seuche. Die meisten Impfstoffe schützen gleichzeitig gegen den Erreger der Weilschen Krankheit, die durch Mäuse- und Rattenharn übertragen wird. Schließlich kann und soll der Hund gegen *Tollwut* geimpft werden. Die modernen Impfstoffe sind für Hunde außerordentlich gut verträglich. Sie vermitteln einen ein- bis zweijährigen Impfschutz. An die Bedeutung der Impfung in Seuchen-Verdachtsfällen, für Ausstellungen und Auslandsreisen und nicht zuletzt zum Schutze des Menschen sei an dieser Stelle erinnert. Nur gesunde Hunde bilden ausreichend Abwehrstoffe. Deshalb müssen Welpen und Junghunde vorher entwurmt werden. Kranke Hunde sind von der Impfung zurückzustellen. Nach der Impfung sollte das Futter zwei Wochen lang besonders hochwertiges Eiweiß wie Ei, Quark, Muskelfleisch, Herz enthalten.

Man unterscheidet:
die Impfung gegen *Staupe* (S), die Impfung gegen *Leptospirose* (L), die Doppelimpfung gegen *Staupe* und *Hepatitis* (SH), die Dreifachimpfung gegen alle genannten *Infektionen* (SHL), die Vierfachimpfung *(SHL* und *Tollwut)* und die Impfung gegen *Tollwut* (T).
Folgender *Impfplan gibt die Gewißheit, daß der Hund ausreichend geschützt ist:*

Alter:	7 Wochen	12 Wochen	4 Monate	1, 3, 7, 9 Jahre	2, 4, 6, 8 Jahre
Impfung:	SHL	SHL	T	SHLT	LT

Erste Hilfe tut not

Bei *Unfällen* ist Ruhe die erste Bürgerpflicht. Bei bedrohlich erscheinenden Situationen wird umgehend ein Tierarzt aufgesucht. Er sollte telefonisch verständigt werden, um die erforderlichen Vorbereitungen treffen zu können. Das Telefonat erspart möglicherweise vergebliche Wege und damit wertvolle Zeit. Erste Hilfe wird nur geleistet, wenn sie unumgänglich ist, nicht länger als der Weg zum Tierarzt dauert oder alleine ausreichende Hilfe verspricht.
Bei *oberflächlichen Hautverletzungen* werden in der Umgebung die Haare mit einer gebogenen Schere abgeschnitten. Sie verkleben sonst mit dem Wundsekret und verursachen Eiterungen. Abschürfungen werden mit einem Wundgel bestrichen. Puder bildet mit dem Wundsekret Krusten, welche die Heilung beeinträchtigen. Bei Durchtrennung der Haut sollte umgehend tierärztlicher Rat eingeholt werden, weil die Wunde nur in den ersten Stunden mit Aussicht auf komplikationslose Heilung genäht werden kann. Bei Beißereien und Stacheldrahtverletzungen wird häufig die Haut vom Körper abgerissen, so daß tiefe Taschen entstehen. Sie müssen sachgerecht versorgt werden. Verletzungen können bis zur endgültigen tierärztlichen Versorgung mit einem Notverband ohne Puder oder Salbe geschützt werden. Durch Belecken wird die Wundheilung nicht gefördert, sondern behindert. Wundse-

krete werden zwar entfernt, mit ihnen aber auch die zarten Heilungszellen am Wundrand. Das Belecken von Wunden und das Abreißen von Verbänden kann durch einen Halskragen verhindert werden:
Aus einem Plastikeimer wird der Boden herausgeschnitten. Die Kanten werden abgepolstert und Löcher gebohrt. Mit Bindfäden wird die Manschette (die große Öffnung zur Nase hin) am Lederhalsband festgebunden.
Zerschellte Glasflaschen sind häufig Ursache stark blutender Pfotenverletzungen. Der Lauf wird erforderlichenfalls so stark abgebunden, bis kein Blut mehr austritt. In halbstündlichem Abstand ist die Abbindung kurz zu lösen. Umgehend wird der Tierarzt aufgesucht, denn meistens ist Naht oder Notverband erforderlich.
Gehirnerschütterungen und innere Verletzungen können zu *Bewußtseinstrübungen* führen. In diesem Fall darf nie Flüssigkeit eingeflößt werden. Die Maulschleimhaut kann zur Anregung der Herztätigkeit mit Kaffee oder Tee befeuchtet werden. Der Hund wird seitlich mit tiefliegendem Kopf und herausgezogener Zunge auf einer Decke gelagert, die als »Tragbahre« dient. Diese *Hängemattentrage* gestattet auch einen schonenden Transport bei *Knochenbrüchen.* Ein entsprechender Verdacht liegt nahe, wenn ein Bein überhaupt nicht belastet wird und abnorm beweglich ist. Wenn der Tierarzt nicht schnell erreichbar ist, hält eine Notschienung den Bruch ruhig und verringert die Schmerzen, zum Beispiel Pullover oder Watte zum Abpolstern – zur Kühlung mit kaltem Wasser durchnäßt –, zwei Stöcke zum Versteifen, Tuch, Binden oder Leukoplast zum Fixieren. Bei *Lahmheiten* wird als erstes die Pfote untersucht. Dornen oder Splitter werden mit einer Pinzette herausgezogen. Verfilzte Haare zwischen den Ballen werden vorsichtig abgeschnitten; sie drücken wie ein Stein im Schuh. Eine eingerissene Kralle schmerzt stark; der lose Teil sollte beherzt abgeschnitten oder ein Notverband angelegt werden. Wunde Stellen werden mit Heilsalbe behandelt. Bei Krallenbettentzündungen können warme Seifenbäder Linderung bringen, häufig ist jedoch ein Verband erforderlich. Unsachgemäß angelegte Pfotenverbände können böse Hautwunden verursachen. Man sollte sie dem Fachmann überlassen.

Bei *Schwellungen, Prellungen* und *Verstauchungen* kann das Fell des betroffenen Körperteiles mit kaltem Wasser durchnäßt werden. Das

wirkt wie ein Kühlverband, hemmt weitere Schwellungen und lindert den Schmerz. In leichteren Fällen kann tierärztliche Hilfe entbehrt werden. *Vergiftungen* beruhen meistens auf Unachtsamkeit des Menschen oder Freßlust des Hundes. Absichtliche Vergiftungen gehören zu den absoluten Ausnahmen. Giftig sind insbesondere *Rattengift* (Cumarin, Thallium, Zinkphosphid, Arsen), *Schädlingsbekämpfungsmittel* (Phosphorsäureester, E 605, Castrix-Giftkörner), *Schneckenbekämpfungsmittel* (Meta-Hartspiritus) und *Frostschutzmittel* (zum Beispiel Glysantin), von Strychnin und Blausäure ganz zu schweigen – sie sind so giftig, daß meistens jede Hilfe zu spät kommt, werden aber kaum noch angewendet.
Vergiftungsverdacht ist begründet, wenn plötzlich Erbrechen und Durchfall bei zunehmender Mattigkeit auftreten. Vergiftungen sind immer lebensbedrohend, selbst wenn das erste Stadium überstanden ist. Häufig treten Spätschäden an Leber, Nieren oder Haut auf, die erst eine genaue Unterscheidung und gezielte Behandlung ermöglichen. Die Überlebenschancen sind erheblich höher, wenn die Giftart von vornherein bekannt ist (Packung, Beschreibung und dergleichen mit zum Tierarzt nehmen). Lebensrettend kann eine rasche Erste Hilfe sein. Es muß versucht werden, das Gift aus dem Magen herauszubefördern, bevor es in den Körper übergeht. Zu diesem Zweck werden dem Hund zwei bis drei Teelöffel Salz eingegeben (Fang aufhalten und Salz hinter den Zungengrund löffeln, dann Kopf hoch- und Fang zuhalten). Das wird in den meisten Fällen Erbrechen auslösen. Vor Milch sei als Gegengift gewarnt, weil verschiedene Gifte fettlöslich sind. Zur Bindung von Giftresten ist eine Aufschwemmung von sechs bis zehn Kohlekompretten besser geeignet. Sie wird dem Hund nach dem Erbrechen eingeflößt.

Zur Ersten Hilfe im weiteren Sinne kann man die Behandlung bekannter, einfacher Störungen rechnen. Sie müssen von ernsthaften Erkrankungen, die tierärztliche Behandlung erfordern, unterschieden werden. Wichtigstes Instrument dazu ist das *Fieberthermometer.* Die *Hundenase* ist kein geeignetes Hilfsmittel. Sie kann auch beim gesunden Hund bisweilen warm und trocken und bei schwerer Erkrankung feuchtkalt sein. Die innere Körpertemperatur des Hundes wird drei bis fünf Minuten im Mastdarm gemessen. Sie beträgt 37,5 bis 39,0°C. Bei kurzzeitig erhöhter Temperatur bis 39,3 °C kann zunächst noch abgewartet werden. Steigt die Quecksilbersäule höher, so muß der Hund in tierärztliche Behandlung. *Erkältungen* wie beim Menschen treten beim Hund selten auf. Entsprechende Erscheinungen beruhen meistens auf Infektionen. Bei erhöhter Temperatur könnte zum Beispiel Staupe oder Zwingerhusten vorliegen. Eitriger Nasenausfluß ist stets ein Alarmzeichen. Ein hustenähnliches Krächzen (»als ob ein Knochen im Hals säße«) deutet meistens auf eine Mandelentzündung hin. Bei erschwerter Atmung wird die Lunge beteiligt sein. Bei alten Hunden kann auch Herzschwäche zu chronischem Husten führen. »Erkältungen« sind also kein Fall für die Hausapotheke. *Verdauungsstörungen* lassen sich dagegen häufig durch Diät-Maßnahmen beheben. Bei hartem Stuhl können rohe Leber oder Milz oder drei bis fünf Teelöffel 10%ige Dosenmilch als milde Abführmittel gegeben werden. Bei reichlicher Knochenfütterung kann der Knochenschrot im Mastdarm eine so hartnäckige Verstopfung verursachen, daß auch stärkste Abführmittel nicht helfen, sondern Einläufe unter tierärztlicher Kontrolle erforderlich werden.

Auch Hunde müssen Warten lernen.

Durchfall ohne Fieber ist häufig durch einen Fastentag zu bessern, an dem der Hund ausschließlich verdünnten schwarzen oder Pfefferminztee mit einer kleinen Prise Salz erhält. Keinesfalls darf versucht werden, Durchfall durch Wasserentzug zu behandeln. Der Körper würde infolge des Flüssigkeitsverlustes austrocknen. Eine weitere Normalisierung des Stuhlganges kann durch mehrmalige Fütterung kleiner Mengen eines Futterbreis aus Beefsteakhack, Schmelzflocken und rohem geriebenen Apfel mit zwei bis drei Kohlekompretten erreicht werden. Wenn ein Durchfall in zwei bis drei Tagen nicht deutlich gebessert wird oder von Fieber begleitet ist, muß der Hund in tierärztliche Behandlung. *Erbrechen* ist keine selbständige Krankheit, sondern kann verschiedene Ursachen haben. Gelegentliches Erbrechen ist beim Hund ohne große Bedeutung. Bei Fieber sowie regelmäßig wiederkehrendem oder heftigem Brechreiz können Infektionen, Vergiftungen oder schwere Verdauungsstörungen vorliegen.

Bei der *Scheinschwangerschaft* bilden sich manche Hündinnen etwa acht Wochen nach der Läufigkeit ein, Welpen zu haben: Sie werden unruhig und »bemuttern« irgendwelche Gegenstände. In das Gesäuge schießt Milch ein. Abhilfe schaffen meistens wenig Fressen und Trinken bei viel Bewegung und Beschäftigung. Zusätzlich wird das Gesäuge mehrmals täglich mit kaltem Wasser befeuchtet, um Schwellung und Milchproduktion zu hemmen. Keineswegs sollte Milch ausgedrückt werden, um die Milchbildung nicht anzuregen. Die genannten Maßnahmen sollten schon beim ersten Auftreten der Erscheinungen ergriffen werden und müssen in etwa zwei Wochen zum Erfolg führen.

Kleine Hausapotheke für den Hund

Zur Pflege, Vorbeuge und Ersten Hilfe sollten einige Instrumente und Medikamente bereitgehalten werden. Sie sind kindersicher, kühl und trocken aufzubewahren. Wenn unser Hund zu Reisekrankheit oder zu Verdauungsstörungen neigt oder unter Rheuma leidet, werden zusätzlich die tierärztlich verordneten Mittel vorrätig gehalten, um schnell Hilfe leisten zu können. Vitamin- und Mineralstoffpräparate werden dort aufbewahrt, wo sie gebraucht werden: In der »Futterküche«.

Alarmzeichen

Im Rahmen dieses Buches können Ursachen und Erscheinungen der wichtigsten Hundekrankheiten nicht vollständig beschrieben werden. Über die bereits an anderen Stellen gegebenen Hinweise hinaus sollten aber stichwortartig wenigstens die Anzeichen schwerer, bisher nicht erwähnter Krankheiten aufgeführt werden, deren Kenntnis unter Umständen lebensrettend sein kann:

Für einen Darmverschluß oder einen Fremdkörper im Darm sprechen Erbrechen und zunehmende Mattigkeit ohne Kotabsatz. Alarmstufe I besteht bei Kolik mit Aufblähung des Bauches durch eine Magendrehung. Wenn der Bauch allmählich dicker wird, können Bauchhöhlenwassersucht, Gebärmuttervereiterung oder Tumore die Ursache sein. Unstillbarer Durst mit oder ohne Scheidenausfluß läßt bei der älteren Hündin an eine Gebärmuttererkrankung denken. Vermehrter Durst kann auch durch Nierenerkrankungen hervorgerufen werden; wenn Mattigkeit und Mundgeruch hinzukommen, ist meistens bereits eine Harnvergiftung eingetreten. Diese Erscheinungen sind auch bei der Stuttgarter Hundeseuche zu beobachten. Auch wenn kein Harn abgesetzt wird (Harnsteine, Blasenriß, Vergiftung), besteht höchste Gefahr. Blutbeimengungen in Kot oder Urin zeigen schwerwiegende krankhafte Zustände an. Vermehrter Speichelfluß wird im harmlosesten Fall durch Fremdkörper in der Maulhöhle oder lose Zähne ausgelöst, bedenklicher wäre eine E-605-Vergiftung, schlimmstenfalls wäre an eine Tollwutinfektion zu denken. Die Färbung der Schleimhäute am Auge, im Fang und in der Scheide gibt wertvolle Hinweise auf innere Erkrankungen: Blässe deutet auf Blutarmut hin, Gelbfärbung auf Leberschäden mit Gelbsucht, punktförmige oder flächige Blutungen auf schwere Infektionen oder Vergiftungen mit verzögerter Blutgerinnung, und eine bläuliche Färbung tritt bei Herz- und Kreislaufschäden auf. Wenn gleichzeitig erschwerte pumpende Atmung mit Aufblähen der Backen zu beobachten ist, besteht höchste Lebensgefahr. Bei nicht abklingenden Lahmheiten der Vorderhand muß der Tierarzt röntgenologisch klären, ob eine Ablösung des Ellenbogenhöckers vorliegt. Schmerzhafte Knochenauftreibungen mit Fieber bei Junghunden müssen intensiv behandelt werden.

Zehn Tips für den Besuch beim Tierarzt

1. Nach Möglichkeit sollte der Hund in der Praxis des Tierarztes vorgestellt werden. Dort kann eine Erkrankung besser erkannt und behandelt werden.
2. Bei Verdacht auf ansteckende Krankheiten lassen Sie sich aber vom Tierarzt einen Sondertermin geben oder bitten Sie ihn um einen Hausbesuch, um andere Hunde im Wartezimmer nicht anzustekken.
3. Mit einem unruhigen Hund wartet man besser im Auto, bis man an der Reihe ist.
4. Der Hund muß systematisch dazu erzogen werden, sich untersuchen zu lassen. Manipulationen an den Ohren, Öffnen des Fanges, Fiebermessen können geübt werden! Auf dem Untersuchungstisch muß der Hund beruhigt werden. Dazu müssen Sie selbst ruhig bleiben, erforderlichenfalls aber auch energisch werden.
5. Der Hund kann nicht sprechen. Daher müssen Sie Krankheitserscheinungen und -dauer genau schildern. Das erleichtert dem Tierarzt die Diagnose.
6. Bei Verdauungsstörungen ist die Beschaffenheit des Kotes genau zu beschreiben. Es ist nie verkehrt, eine Kotprobe, abgegangene Würmer oder Fremdkörper mitzunehmen.
7. Bei Verdacht auf innere Erkrankungen kann vorsorglich auch eine in einem sauberen Gefäß aufgefangene Harnprobe mitgenommen werden.
8. Bringen Sie auch den Impfpaß mit!
9. Notieren Sie die Behandlungsanweisungen; erfahrungsgemäß wird vieles nach der Aufregung des Tierarztbesuches leicht vergessen oder verwechselt.
10. Denken Sie auch an den Stolz der Dame des Tierarzthauses: Verwehren Sie Ihrem Rüden das Beinheben an den Ziersträuchern im Vorgarten nach dem Verlassen der Praxis.

Gefahren für die menschliche Gesundheit?

Hygiene- und gesundheitsbewußte Mitmenschen befürchten, daß ein Hund Krankheiten ins Haus bringt. Große Furcht flößt die *Tollwut* ein. Tatsächlich besteht auch heute noch für den von einem tollwütigen Tier gebissenen Menschen höchste Lebensgefahr. Bei Hunden tritt Tollwut allerdings nur noch selten auf. Die Seuche hat sich aus den Städten (Hunde und Katzen) mehr in die Wälder (Wild) verlagert, wo in erster Linie Füchse die Tollwut übertragen. Bei Hundetollwut besteht wegen des engen Kontaktes jedoch für den Menschen eine erheblich größere Ansteckungsgefahr als bei Wildtollwut.

Staupe und *ansteckende Leberentzündung* sind für Menschen ungefährlich. Hunde können aber *Leptospiren* übertragen, die beim Menschen entweder das »Canicola-Fieber« (beim Hund »Stuttgarter Hundeseuche«) oder die »Weil'sche Krankheit« hervorrufen. Diese Infektionsgefahren werden durch regelmäßige Impfungen des Hundes ausgeschaltet. Für die Übertragung der *Toxoplasmose*, eine besonders für schwangere Frauen gefährliche Infektionskrankheit, wurde der Hund früher zu Unrecht verantwortlich gemacht. Toxoplasmen sind einzellige Schmarotzer. Ihr »Stammwirt« ist die Katze. Sie scheidet den Erreger aus, der dann entweder bei mangelhafter Hygiene vom Menschen direkt oder aber von anderen Tieren aufgenommen wird. Im Fleisch dieser Tiere bilden sich Dauerformen, die ebenfalls ansteckungsfähig sind. Hauptansteckungsquelle für den Menschen ist rohes Schweinefleisch. Der Hund ist also, wie der Mensch, Opfer, nicht aber Überträger der Toxoplasmose.

Pilzinfektionen der Haut können auf den Menschen übergehen. Bei schlecht heilenden oder sich ausbreitenden Ekzemen muß man heute stets an Hautpilze denken und eine eingehende tierärztliche Untersuchung veranlassen. Zur Behandlung gibt es verläßliche Medikamente. Die Ansteckungsgefahr ist bei Beachten der erforderlichen Hygiene gering. *Räude* wird durch Milben hervorgerufen, die sich zwar auf bestimmte Tierarten wie den Hund spezialisiert haben, jedoch auch beim Menschen plötzlich auftretende, juckende Hautrötungen verursachen können.

Eitererreger bei Ekzemen, Furunkeln, Vorhautentzündungen, Zahnvereiterungen oder Mandelentzündungen können auch beim Menschen Eiterungen verursachen. Betreffende Krankheiten müssen daher bei Beachtung häuslicher Allgemeinhygiene konsequent behandelt werden. Auch bestimmte *Darmbakterien* wie Salmonellen können beim Menschen wie beim Hund zu Durchfällen führen. Bei länger dauernden, trotz gezielter Behandlung nicht ausheilenden Durchfällen sollte eine Kotuntersuchung Aufschluß über etwa vorliegende Keime geben.

Spulwürmer sind auf bestimmte Wirte spezialisiert. Unter unhygienischen Verhältnissen vom Menschen aufgenommene Hundespulwurmeier können sich in dem für sie fremden Wirt nicht normal entwickeln. Die Wurmlarven bleiben in Organen oder Muskeln stecken und lösen Entzündungen und Schmerzen aus. Besonders gefährdet sind verständlicherweise Kleinkinder. Das Risiko wird durch regelmäßige Wurmkuren bei Junghunden und durch Hygienemaßnahmen erheblich eingeschränkt. Von den *Bandwürmern* ist nur der bei uns äußerst seltene »dreigliedrige« für den Menschen gefährlich. Wenn der Stuhl von Zeit zu Zeit wie mit Grieß bestreut aussieht, ist Vorsicht geboten. Kotuntersuchung und Behandlungsversuch sollten umgehend veranlaßt werden.

Zur mehrfach angesprochenen *Allgemeinhygiene* gehören eigenes, sauberes Hundelager, gesonderte Freßnäpfe, Verhindern des Ableckens von Händen und Gesicht, gegebenenfalls Händewaschen, Beseitigung von Hundekot und kein Mißbrauch von Kinderspielplätzen als Hundeabort. Zusätzliche Sicherheit gewährt eine regelmäßige *Desinfektion* von Lager, Hütte und anderen hygienegefährdeten Stellen. Zumindest in den genannten Verdachts- und Erkrankungsfällen sollte auf diese Sicherheit nicht verzichtet werden. Die Mittel sollen Virusarten, Bakterien und Pilze abtöten. Bei Infektionsgefahr durch Eitererreger oder Pilze bietet ein Händedesinfektionsmittel zusätzlichen Schutz. Gegen die dickschaligen Wurmeier wirken nur wenige, speziell für die Nutztierhaltung entwickelte Mittel, die durch besondere Zusätze die Schalen auflösen. Wo solche Mittel nicht zur Verfügung stehen, kann eine

Scheuerdesinfektion mit heißer Sodalösung durchgeführt werden. Gegen Ektoparasiten müssen spezielle Insektenvertilgungsmittel eingesetzt werden. Jeder Desinfektion muß eine gründliche Reinigung vorausgehen. Durch Vorbeugen und Vorsicht lassen sich also Gefahren abwenden. »Gefahr erkannt – Gefahr gebannt!« Damit können wir ungetrübt die Freude genießen, die der Ungarische Hirtenhund uns vermittelt.

Ein Wort zum alternden Hund

Der Ungarische Hirtenhund befolgt seine Aufgaben bis ins hohe Alter – und doch läßt sich das Altern nicht verhindern.
Der alternde Hirtenhund sucht die Nähe der Familie. Sein Platz, der meist im Freien bei seiner Aufgabe war, verlagert sich nun zu der menschlichen Wärme.
Auch das Alter eines Hundes bringt mehr Krankheitserscheinungen mit sich. Manchmal sind es nur die natürlichen Wehwehchen: Das Aufstehen, die Spaziergänge werden beschwerlicher, das Fell wird dünner, das Hörvermögen läßt nach, und der Appetit verringert sich. So ein Hirtenhund braucht nun eine besondere Pflege. Seine Kost sollte leicht sein, sein Platz warm und trocken gehalten werden.
Das ganze Hundeleben über diente er folgsam und ausdauernd und war uns ein treuer Gefährte. Nun verlangt er den Beweis unserer Liebe zu ihm. Doch leider endet ein Hundeleben nicht immer so friedlich. Oft treten auch böse Krankheiten auf, die uns vor eine harte Entscheidung stellen. Da gibt es die Blindheit, verbunden mit Taubheit, schlimme Hautekzeme sowie Geschwulste, die eine Gesundung undenkbar machen. Nun liegt es an uns, trotz Trauer und Trübsal nicht den letzten gemeinsamen Weg mit ihm zum Tierarzt zu scheuen, der seine Erlösung von Schmerz oder Krankheit sein kann.

Wichtige Anschriften

Deutschland

Klub für Ungarische Hirtenhunde e. V.
Salzburger Str. 10, 1000 Berlin 62

Verband für das Deutsche Hundewesen e. V. (VDH)
Mallinkrodtstr. 26, 4600 Dortmund

Ungarn

Magyar Ebtenyésztök Országos Egyesülete (MEOE)
Fadrusz utca 11/a, H-114 Budapest

Holland

Nederlandse Verenigung van Fokkers en Liefhebbers van Hongaarse Herdershonden
Benvenutclaan 18, Voorschoten

Österreich

Österreichischer Klub für Ungarische Hirtenhunde
Wilhelm-Exner-Gasse 11/18, A-1090 Wien

Schweden

Föeninger Ungerska Rashundar, A.M. van Eijsbergen
Linnégatan 41, S-11458 Stockholm

Schweiz

Klub für ausländische Hirtenhunde
Willistr. 79, CH-5027 Herznach

Bildnachweis

Titelbild:	Foto Gorski, 6000 Frankfurt/M.
Seiten 15, 43, 44, 46, 48, 56, 57, 60, 65, 74, 78, 95	Christine Burghardt, 2102 Hamburg 93
Seiten 11, 23, 27, 29, 40, 51, 63, 66, 82	Vilmósne Evers, 2084 Piliszentiván (Ungarn)
Seiten 33, 53	Foto Gorski, 6000 Frankfurt/M.
Seiten 76, 80	Marion Hopf, 6315 Mücke-Merlau
Seite 68	M. Kállay, 6240 Königstein
Seiten 9, 20, 36, 37, 38, 46, 49, 86	Monika Peper, 2000 Hamburg 90

 Alle übrigen Abbildungen stammen vom Verfasser.